21世紀 テレ東番組 ベスト100

太田省一

星海社

201
SEIKAISHA SHINSHO

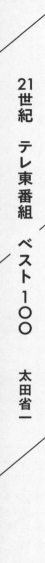

はじめに　いまや〝ブランド〟になったテレ東

テレビ東京、通称テレ東の21世紀を代表する100の番組を選んで紹介する本書。ここではその前に、テレビ東京とはどんなテレビ局なのか？　改めて紐解いてみたい。

現在東京には、全国にネットワークを持つ民放キー局が5つある。テレ東はそのうちのひとつだ。開局は1964(昭和39)年。つまり、前の東京オリンピックが開催された年である。したがって、開局からすでに57年余の月日が経ったことになる。

とこう書くといかにも堂々たる老舗テレビ局という感じだが、その歴史は想像を超えるような苦難の連続でもあった。

スタート時から1981年に現在の「テレビ東京」に変わるまでの局名は、「東京12チャンネル」。日本でテレビの本放送が始まったのが1953年。NHKと日本テレビが先陣を切った。その後TBS、NET(現・テレビ朝日)、フジテレビが続き、東京12チャンネルは最後発。しかも、一般総合局ではなく科学教育専門局として始まった。

当時の日本は、高度経済成長の真っ盛り。経済、特に工業の発展に貢献する人材育成は急務であり、そのためのテレビ局として設立されたわけである。しかしそんな高邁《こうまい》な理想とは裏腹に、いやある意味当然と言うべきか、視聴率はまったく伸びなかった。

NHKのような公共放送ならいざ知らず、民放にとって視聴率は生命線。あっという間に東京12チャンネルは苦境に陥った。放送時間は大きく短縮することを余儀なくされ、大幅な人員整理もおこなわれた。それに伴い、労使紛争も激化した。他の在京民放局が全国に放送のネットワークづくりを急ぐなか、その競争にも完全に乗り遅れた。

風向きが大きく変わり始めたのは1990年代、つまり平成に入ってからである。「番外地」と呼ばれて揶揄《やゆ》されたテレ東が、少しずつ世の注目を浴びるようになったのである。

その原動力となったのは、アイデアの力だった。お金や人手を十分に割けない分、企画のユニークさや斬新さで勝負する。それが開局以来、テレ東のなかに連綿と流れてきた精神であり、戦略だった。その培ってきた力が、ようやく花開いたのである。

たとえば、「素人」中心の番組作りがそのひとつだ。予算の関係で大物芸能人をキャスティングすることは難しい。その代わりに、一般の素人のなかに原石を発掘する。世間には、思いもかけぬ力や特技を持った素人たちが隠れている。そうした人たちの凄さを見せれば、それは新しいエンタメになる。そんなアイデアを番組にしたのが、たとえば『TVチャンピオン』(1992年放送開始)であり、ブームを巻き起こした大食い番組であった。

そこには、平成という時代を生きる日本人の心境の変化もあっただろう。敗戦からの復興、高度経済成長を経て日本人は豊かになった。テレビはそんな世の中の高揚感を背景に、日々お祭りを繰り広げた。それが昭和だったとすれば、バブル崩壊とともに始まった平成は、二度の大震災や格差の拡大を経験し、日本人がもう一度自分たちの足元にある日常を見つめ直す時代になった。そのなかで、それぞれの日常を楽しむ「素人」を主人公にするテレ東は、昭和のお祭りを引きずる他のテレビ局よりも魅力的に見えたのに違いない。

そして時代は令和。テレ東も、就活大学生の人気企業になるなど、いまや〝ブランド〟になった。時代が変われば変わるものだ。これまで、ゲリラ的なニッチ狙いの面白さで支持されてきたテレ東。実はいま、〝ブランド〟と〝ニッチ〟の融合という難しい課題に直面しているようにも思う。そんなテレ東の今後を占う意味でも、ここでさまざまな番組を振り返るのは無駄ではないはずだ。選ばれた100の番組はあくまで私見によるものだが、この本が、楽しみながらそれぞれのテレ東を考えていただくきっかけになればと思う。

目次

第2部　〝深夜〟というフロンティアを開拓したテレ東〈ドラマ編〉

第8部 テレ東と言えば、アニメとキッズ

第1部

テレ東の真骨頂、「ユルさ」と「素人」

テレ東台頭の要因となった時代の変化

いつの頃からかはわからないが、テレビの世界では「ユルい」が褒《ほ》め言葉のひとつになった。「きっちり」した番組よりも、どこか常に余白のあるような「ユルい」ほうが面白いということになったのである。では、そんな時代を創ったのは誰なのか？　色々意見はあるだろうが、テレ東がその重要な一角を担ってきたことは間違いない。

ずっと、テレビの娯楽番組の使命は、〝お祭り〟を演出することだった。出演者はとにかくハイテンションでその場を盛り上げ、演出は派手な仕掛けを用意する。そして視聴者も、そんな無礼講のパーティに参加した気分になる。そうしたテレビのお祭り志向は、高度経済成長からバブル景気を経験した昭和という時代の高揚感とも合っていた。

ところがバブルが崩壊し、お祭り気分も抜けた平成になると、世の中は再び普段の日常のなかに戻っていった。「ユルさ」の魅力は、そうした時代の変化のなかで発見されたものだろう。高揚感ではなく、まったりした気分に浸ることを多くのひとが求め始めたのだ。

そのなかで、テレ東持ち前の「ユルさ」が大きく脚光を浴びることになる。テレビのお祭り志向に乗り切れていなかったことが、テレ東にとっては逆に幸いした。そして生まれた『モヤモヤさまぁ〜ず2』のような「街ブラ」番組は、「ユルさ」の象徴になった。

もうひとつ、やはり日常の発見の一環として、テレ東の得意分野となったのが「素人」である。もちろん他局にも素人を主役にした番組は昔からあった。だがテレ東はひと味違っていた。バラエティ番組での素人は、それまで基本的にいじられるものだった。つまり、プロの芸人のツッコミなどがあって、はじめてその面白さが伝わるものだった。

しかし、テレ東は違った。素人の凄さに光を当てたのである。超絶技巧を持つ職人であれ、あるいは鉄道とか特定の分野に驚異的に詳しいオタクであれ、「素人は凄い!」と宣言したのである。凄い素人は、世の中のそこかしこに原石のように埋もれている。テレ東は、そうした素人をどんどん発掘し始めた。1992年に始まった『TVチャンピオン』は、そのパイオニア的な番組だった。実際この番組からは、あのさかなクンが世に出ることになったし、小林尊や赤阪尊子といった大食いのスターたちも誕生した。

「ユルさ」と「素人」。この二つを車の両輪にして、テレ東は平成以降のテレビ界を疾走してきた。いまやテレ東は、その他的な扱いから一目置かれるテレビ局へと華麗な変身を遂げた。このパートでは、そんなテレ東台頭の原動力となった番組にふれてみたい。

01

20年以上続くテレ東を代表する長寿番組

開運！なんでも鑑定団

1994年4月19日〜現在 火 後8：54（2005〜）

「鑑定ブーム」を巻き起こした番組。いまもさまざまな鑑定番組が放送されているが、その元祖と言ってもいいだろう。人気の背景には、平成に入りバブルが崩壊した直後という時代状況もあった。家や土地、株などの資産価値が大幅に下がり、ウチにも「お宝」が眠っていればいいのに、という一発逆転の夢を味わわせてくれる番組でもあった。初代の司会は島田紳助と石坂浩二。達者な司会の紳助と博識な石坂の組み合わせも、成功の一因にあげられるだろう。

番組史上最高額は、2005年9月27日放送の回に登場した柿右衛門様式の壺。なんと5億円の値が付いた。歴代高額ランキングを見ると、ほかにもマリリン・モンローが『七年目の浮気』で着た衣装が2億円、宮沢賢治の手紙が1億8千万円など、億単位の評価額のものがずらりと並ぶ。もちろん逆のケースもあって、有名画家の作と思い込んでいた絵画が偽物とわかってガッカリ、というのもこの番組ならではの「あるある」である。

この番組には、そうした金額への興味以外に、素人が主役になった視聴者参加番組の要素もある。毎回芸能人や有名人のゲストが冒頭に登場するが、基本は一般の視聴者からの応募。しかも持ち込まれる品物には、書画骨董の類だけでなく、子どもの頃に遊んだオモチャのような、そのひととの思い出にまつわるものも少なくない。だからその「お宝」を通して、持ち主の人柄や人生、その品物への強い思い入れが伝わってくるし、だからこそ実際に出た評価額に一喜一憂するところもリアルだ。そんなドキュメントバラエティ的な魅力も、視聴者を惹《ひ》きつけた理由のひとつだろう。

プレイバック

鑑定とまったく関係ないところでは、吉田真由子のやる気のなさそうな（?）アシスタントぶりが斬新で、毎回の楽しみでもあった。

（バラエティ）演出／白井まみ子、永良龍彦、森重覚朗（ともに総合演出）　司会／今田耕司、福澤朗　出演／中島誠之助、北原照久ほか　ナレーター／銀河万丈、冨永みーな　プロデューサー／内田久善、水野亮太（ともにテレビ東京）、杉山麗美（ネクサス）　制作／テレビ東京、ネクサス　賞歴／日本民間放送連盟賞テレビ娯楽部門優秀賞（1995年）

02

アートを誰にでも開かれたものに

たけしの誰でもピカソ

1997年4月18日～2009年3月20日 金 後10：00（2003～）

タモリ、ビートたけし、明石家さんまのいわゆる「お笑いビッグ3」はいまも第一線で活躍を続けているが、テレ東で現在レギュラー番組（『23時の密着テレビ「レベチな人、見つけた」』）を持っているのは、たけしだけだ。そんな両者の歴史のなかでも、12年間続く長寿番組となったこの番組を覚えているひとは、きっと多いだろう。

芸術（アート）は、素人にはとっつきにくいもの。美大を出たひととか、特別な才能に恵まれたひとだけの領域と思われがちだ。だがこの番組では、タイトルが示すように、そうした壁を取り払い、アートを誰にでも開かれたものにしようとした。司会を務めたたけしの「人は誰でもアーチストだよ」という言葉がヒントだったという。

番組の目玉となったのが、「アートバトル」のコーナーである。応募者が作品を持ち寄って点数を競い合い、チャンピオンを目指す。5週勝ち抜くとグランドチャンピオンになり、個展が開ける。出場者にはもちろん美大生や芸術家の卵もいるが、普通の主婦や学生、子どももいればお年寄りもいる。作品も、絵画や彫刻はもちろん、舞踏などのパフォーマンスもあれば、用途がよくわからないようなユニークな発明品もある。見るだけで圧倒されるようなものもあれば、感想に困ってしまうような摩訶不思議なものもある。まさに「誰でもアーチスト」という番組コンセプトを体現していた。

出演者のなかでは、篠原勝之も印象的だった。溶接技術を駆使して鉄製のオブジェを制作。自らを「ゲージッ家」と呼んだ。タレントとして、『森田一義アワー 笑っていいとも!』(フジテレビ系)にレギュラー出演していたこともある。旧弊にとらわれないその姿は、この番組にふさわしかった。

プレイバック

ビートたけしという超大物に対して、今田耕司が絶妙にフォロー。この頃の今田は、まさに「最強の2番手」と言うに相応しかった。

(バラエティ) 演出/菊池計理、今井康之他　出演/北野武、篠原勝之、今田耕司、渡辺満里奈他　ナレーター/井上和彦、小山茉美他　プロデューサー/伊藤成人、牛原隆一他　制作/テレビ東京

03

ユルい街ブラと面白素人の融合

モヤモヤさまぁ～ず2

2007年1月3日～現在 土 後11：00（2021～）

通称、『モヤさま』。「テレ東＝ユルい」というイメージは、この番組によるところが大きいだろう。芸能人が街や商店街をぶらぶら散歩する「街ブラ」番組は、リラックスした雰囲気のユルさが魅力のひとつだ。だが、数ある「街ブラ」番組のなかでも、『モヤさま』のユルさには、さらに輪をかけたものがある。

「1」が存在しないのに「2」を名乗るおふざけ感もそうだが、最初の放送でさまぁ～ずが訪れたのが、新宿や池袋ではなく北新宿や北池袋。普通の「街ブラ」では行かない、これといった特徴のない「モヤモヤ」した街だったところからして、まずユルかった。

そしてなんと言ってもユルさの極みは、さまぁ～ずと素人の絡みである。街中やお店で出会う素人を、さまぁ〜ずは決して型にはめないし、単純にいじらない。キャラの立った面白素人に遭遇しても、すぐにツッコんだりはせず、あえてそのまま泳がせる。すると素人もノッてきて、さらに面白くなる。さまぁ〜ずも、時に一緒に悪ノリしながら、その場の雰囲気をただただ楽しんでいる。そのまったりした感じが、このうえなくユルい。

番組の企画者で、時々画面にも登場する「伊藤P」ことプロデューサー・伊藤隆行など、個性的なスタッフの出演も魅力。また大江麻理子以来、代々アシスタントを務めてきたテレ東の女性アナ陣の存在も見逃せない。おもちゃ屋で買った水鉄砲で遊んだり、1000円自販機に興じたりするさまぁ〜ずと彼女たちの姿は、気心の知れた遊び仲間のようだ。最初は深夜からだったが、いまやすっかりテレ東の看板番組に。それなのにずっとユルいままなところがまた、安心感を醸《かも》し出していて素晴らしい。

プレイバック

歴代アシスタントで好きだったのは、2代目の狩野恵里。イラッとさせるネイティブ発音の英語とピアノ演奏付きの歌は絶品だった。

（バラエティ）構成／北本かつら他　演出／株木亘（P兼務）　出演／さまぁ〜ず（三村マサカズ・大竹一樹）、田中瞳（テレビ東京アナウンサー）　ナレーター／ショウ君（HOYA）　プロデューサー／中村昌哉、今泉昌子、伊藤隆行、末永剛章（CP）　制作協力／極東電視台　制作／テレビ東京　賞歴／ギャラクシー賞テレビ部門奨励賞（2010）

04

素人の外国人が身近な存在に

YOUは何しに日本へ？

2012年6月30日～現在　月　後6：25（2020～）

テレビではたまに、バラエティ番組に出演して人気者になる外国人タレントがいる。だが素人の外国人をメインにしたバラエティ番組は、ほとんどなかったと言っていい。しかも空港に到着したばかりの外国人にいきなりインタビューし、日本滞在中のYOUたちに密着させてほしいとアポなしで頼むこの番組は、ガチな感じが新鮮だった。

そこには、日本人の女性と結婚を約束し、その彼女の実家に挨拶に行くためにやってきた男性、アニメ『おそ松さん』の映画をいち早く見るために日本に来た女性、ラーメン好きで、ネットで知ったラーメン屋に行くためだけにわざわざ日本に来たひとなど、実にさまざまな目的の外国人がいる。時には自転車で日本一周するという外国人に出会い、長期密着企画になる場合もある。ここ最近で言えば、オリンピックに初参加する南スーダンの陸上選手たちが前橋で合宿する様子を、オリンピックの延期もあって足掛け約2年にわたって密着することになった本格ドキュメンタリー顔負けのようなケースもあった。

最近は、過疎化が進むような田舎の町や村に住む外国人を探してその生活ぶりに密着するというような企画もあって、そうした映像を見ると、私たちが考える以上に外国人は身近な存在だということが実感できる。空港でのインタビューを見ていてもそうだが、いまの社会の実情を知ることができる面もある。

司会のバナナマンはスタジオで外国人のVTRを見るポジションだが、常に視線が優しく、この番組に向いている。あと、スタジオの背景はクロマキー合成でCGが使われ、バナナマンの2人は顔だけしか見えないところは『進め!電波少年』(日本テレビ系)さながらだ。

プレイバック

ももちの引退コンサートのために来たノルウェー人の名言「アイドルは探すものじゃなく、向こうからやってくるもの」は忘れがたい。

(バラエティ) 総合演出/野村正人　出演/バナナマン(設楽統・日村勇紀)他　プロデューサー/小平英希、富安いたる他、高砂佳典(CP)　制作/テレビ東京　賞歴/ギャラクシー賞テレビ部門奨励賞(2012、2017)

05

他人の人生を垣間見ることが魅力

家、ついて行ってイイですか？

2014年1月6日〜2021年3月10日 水 後9：00（2017〜）

『YOUは何しに日本へ？』と並び、テレ東の素人密着バラエティを代表する番組。終電が出てしまった後の駅前などで、家に帰れなくなった一般人にスタッフが声を掛け、タクシー代を出すので「家、ついて行っていいですか？」とお願いする。番組開始当初は、当然とはいえ胡散臭《うさんくさ》げに見られることもあったが、番組の人気とともに「知ってる！」といったノリノリのリアクションも増えてきた。

最大の魅力は、やはり他人の人生を垣間《かいま》見ることができる点だろう。インタビューの時点では思いもしなかったような激動の人生を送ってきたひともあれば、平凡ながら幸福な人生を送っているひともいる。だがいずれにしても、家の中の様子から、声を掛けた際の印象からは想像がつかなかった意外な素顔や半生が浮かび上がるところが醍醐味だ。そうした告白が聞けるのは、真夜中という時間がひとを感傷的にする面もあるのだろう。

たとえば、こんな回もあった。ある中年男性の家について行ってみると、天涯孤独で住まいの一軒家はごみ屋敷のようになっていた。そうなった経緯を静かに語る男性。すると後日、気心の通じ合ったスタッフが再訪して家の中をきれいに掃除することを提案し、男性もそれを受け入れる。そして男性の思い出話を聞きながら、一緒に家の中を片付ける。

こうしてスタッフと相手の交流が生まれることがあるのも、密着バラエティらしい一面だ。

また密着VTRを、司会のビビる大木や矢作兼らが一般のお宅にお邪魔して一緒に見るという演出もユニークで、そこでの一般人のコメントが的を射ていて感心させられることも少なくない。ある意味、究極の視聴者参加番組と言うべきだろう。

プレイバック

「事実は小説よりも奇なり」を地で行くこの番組。2021年夏には、放送された実際のエピソードをもとにしたドラマが放送された。

(バラエティ) 企画／高橋弘樹　演出／古東風太郎　出演／ビビる大木、矢作兼（おぎやはぎ）、狩野恵里他　プロデューサー／小比類巻将範、越山進（CP）　制作／テレビ東京　賞歴／日本民間放送連盟賞テレビエンターテインメント部門最優秀賞（2015）、ギャラクシー賞テレビ部門優秀賞（2015）、同奨励賞（2020）

06

面白さ全開の開局記念バラエティ番組

テレビ東京開局50周年特別企画
50年のモヤモヤ映像大放出！この手の番組初めてやりますSP

2014年3月2日 日 後6：30

テレビの歴史も長くなり、「開局○○周年」と大々的に銘打った番組を時々各テレビ局で見かけるようになった。ただそうした番組は、昔の映像など懐かしくはあるものの、得てして真面目で厳かなものになりがちで、特別面白くはない場合も結構ある。

ところがこの番組は、テレ東らしいユルさ全開のノリで、そんな固定観念を覆した。「開局記念番組が面白い！」というレアなケースとして、テレビ史に残るものになった。

タイトルの「モヤモヤ」でわかるように、司会はさまぁ～ず。番組の構成自体はシンプルで、テレ東の倉庫に眠る過去のアーカイブ映像のなかに「テレ東っぽさ」を見つけようというもの。ただそこは『モヤモヤさまぁ～ず2』のスタッフ。一筋縄ではいかない。

『モヤさま』のロケをしていたさまぁ～ずのところにプロデューサーの伊藤隆行（伊藤P）が登場。そこで突然、50周年記念番組の収録が今日行われることを告げる。戸惑うさまぁ～ずだったが、仕方なくテレ東の収録スタジオに向かう…、というところから番組はスタートする、といった具合だ。ほかにも、いまでは放送できないようなテレ東らしい無茶ブリの番組をわざわざ見せたり、伝説となっている深夜番組での笑福亭鶴瓶の〝局部露出事件〟の再現VTR（鶴瓶をTKO・木下隆行、山城新伍をダチョウ倶楽部・上島竜平が演じた）を作ったりと、開局記念番組では普通絶対にないような企画が次々と登場した。

もちろん、所ジョージやテリー伊藤、ビートたけしなど、テレ東ゆかりの人物も多数登場し、華やかさもあった。とりわけ、過去にテレ東出演経験のあるとんねるずやSMAPがVTRながらも出演したことは、大いに話題になった。

プレイバック

個人的には、あのねのねがゲストで登場したのが嬉しかった。1970年代には、『オールナイトニッポン』などでカリスマ的人気だった。

特別番組 構成／伊藤正宏、そーたに 演出／株木亘、柴幸伸 司会／さまぁ～ず 出演／ビートたけし、笑福亭鶴瓶他 ナレーター／槇大輔、松丸友紀（テレビ東京アナウンサー） アナウンサー／大橋未歩（テレビ東京アナウンサー） チーフプロデューサー／只野研治 制作／テレビ東京 賞歴／ギャラクシー賞テレビ部門奨励賞（2013）

07

視聴者の素朴な疑問を楽しく学んで解決！

所さんの学校では教えてくれないそこんトコロ！

2005年10月21日〜現在 金 後9：00

いまのテレビバラエティ界において、「ユルい」大御所と言えば、所ジョージが筆頭だろう。キャリア的にはタモリ、ビートたけし、明石家さんまと遜色《そんしょく》のない大ベテランだが、物事にとらわれる雰囲気のまったくない〝軽さ〟は、他の追随を許さない。

そんな所ジョージが初めてメイン司会の番組を持ったのは、実は東京12チャンネル時代のテレ東だった。『所ジョージのドバドバ大爆弾』という視聴者参加演芸番組で、素人時代のとんねるずや落語家の春風亭昇太が出演したことでも知られている。その後も所は、テレ東で冠番組をいくつか持ってきた。そして現在放送中なのが、この番組である。

基本は雑学的な知識を紹介する教養バラエティ。加えて色々な企画があるが、なかでも「遠距離通勤・通学」や「開かずの金庫」の企画がメインだ。前者は、通勤・通学に片道2時間以上かけるひとに密着し、その意外な理由を聞き出すというもの。色々な生きかたがあるものだと感心する。また後者は、視聴者からの依頼で、長年開けていない金庫を開錠して中のものを確かめるというもの。『開運！なんでも鑑定団』に似た面白さがある。

（バラエティ）演出／米澤照明他　出演／所ジョージ、清水ミチコ、東貴博（Take2）、児嶋一哉（アンジャッシュ）、高木雄也（Hey! Say! JUMP）他　ナレーター／槇大輔　チーフプロデューサー／末永剛章　制作／テレビ東京

08

有吉ぃぃeeeee！ そうだ！ 今からお前んチでゲームしない？

２０１８年10月28日～現在 日 後10：00

「街ブラ」したりゲームをしたり、地元の友だちと遊ぶ感覚

有吉弘行らが、オンラインでゲーム対戦をする番組。とそれだけ言うとありがちな内容だが、この番組はひと味違う。実は、「街ブラ」番組でもあるのだ。

毎回有吉たちが、ゲームをさせてもらうゲスト宅へのお土産を買うために、商店街に行く。そのくだりがゲーム番組なのに長い。美味しそうなものが目に入ると、その場で買い食いするのも当たり前。屈託なく笑い合う様子はまるで、地元の友だち同士のようだ。

そんな友だち感覚は、肝心のゲームの場面でも変わらない。勝っても負けても笑いながらけなし合うかと思えば、チーム対戦で一致団結して熱く盛り上がることもある。そんな光景を見て、子どもの頃の自分を懐かしく思い出す視聴者も少なくないはずだ。

ゲストも多彩。特に有吉をはじめ出演者の多くが格闘技好きなこともあって、プロレスラーや格闘家がよく登場する。また印象的だったのが、タレントのモト冬樹。ゲーム経験が乏しく年齢もあって、マリオで何度もすぐゲームオーバーになるので皆爆笑だったのだが、再登場の際には練習を積んで上手くなっていたのがちょっと感動的でもあった。

（バラエティ）総合演出／岩下裕一郎他　出演／有吉弘行、タカアンドトシ、田中卓志（アンガールズ）　ナレーター／服部潤　チーフプロデューサー／小高亮　プロデューサー／金子優他　制作／テレビ東京

09

マニアックな分野で素人が競い合う

TVチャンピオン極 ～KIWAMI～

2018年4月8日～2019年9月28日 火 後8:00

この本でもたびたびふれている『TVチャンピオン』は、2006年に終了。その後『TVチャンピオン2』としてリニューアルされたが、これも2008年に終了した。さらに、競技形式ではなく、技の達人たちがさまざまな課題を解決するドキュメンタリータッチの『チャンピオンズ～達人のワザが世界を救う～』という番組もあったが、2009年に放送終了。それから時を経て復活したのが、BSで始まったこの番組だった。この度々の復活は、『TVチャンピオン』が、テレ東にとっていかに大事なコンテンツであるかを物語る。

基本はまったく変わらない。初回が「カニむき王選手権」、カレー店チェーンの「ココイチ王選手権」など、マニアックな分野で素人が競い合う。MCは、『おはスタ』にも出演するアメリカ出身の異色のお笑い芸人、アイクぬわら（超新塾）。「大目付」という肩書きの彼が巻物で競技名を発表し、開始と終了の合図には陣太鼓を使うといった感じで、合戦的な演出がなされていた。また、かつては大食い企画の際の中村有志のようにその場にいるMCが実況をしていたが、この番組では、テレ東のアナウンサーの役目になっていた。

（バラエティ）総合演出／内山慶祐　司会／アイクぬわら（超新塾）　ナレーター／小柳良寛、慶長佑香　プロデューサー／大庭竹修、只野研治、酒井英樹、越山進（CP）　制作／テレビ東京、BSテレ東

コラム

大食いはテレ東を救う

「人間はどのくらい食えるのか?」そんな素朴な疑問から、テレ東の大食いの歴史は始まった。それを企画化した『日曜ビッグスペシャル』(テリー伊藤が過激な企画で数々の伝説を生んだ番組でもある)の「全国大食い選手権」が当たり、『TVチャンピオン』の誕生につながっていく。

ポイントは、いかにも大食いしそうな人たちではない、というところだろう。『TVチャンピオン』が生んだ大食いスターたちは、レスラーや力士のような見た目ではなく、一見ごく普通の人たちだ。「プリンス」小林尊はむしろ細身だし、「女王」赤阪尊子にしても大食いしそうなひとには見えない。ギャル曽根なども同様だ。だが、いざ競技が始まると、驚異の食べっぷりでこちらを圧倒する。そのギャップが、新鮮だった。

そしてテレ東にとっては、大食いは、テレビ局としてのステップアップを実現してくれた。『TVチャンピオン』の大食い企画は、そのうち他の局に真似されるようになった。それは裏を返せば、テレビ局として一目置かれるようになったということである。大食い企画の成功は、それまで「番外地」扱いだったテレ東を救ったのである。

10 キャンプを楽しむ女子高生たちのゆるやかな日常

ゆるキャン△

2020年1月10日～3月27日（1期）　金　前1：00

「日常系」と呼ばれる漫画・アニメのジャンルがある。女子中高生の何気ない日常が淡々と描かれ、特別な事件はなにも起こらない。だがそれゆえ多幸感に満ちあふれている。やはりテレビ東京で放送されたアニメ『ゆるゆり』（2011年放送）などは、代表格だ。

同じく「日常系」の漫画を実写ドラマ化したのが、女子高生のほんわかとした、ユルいアウトドアライフを描いた『ゆるキャン△』である。主人公の志摩リン役は、福原遥。子役時代、NHK Eテレの料理アニメ『クッキンアイドル アイ！マイ！まいん！』で主人公「まいんちゃん」の声を演じ、番組中の料理コーナーにも登場して一躍有名になった。ただその分「まいんちゃん」のイメージが長くつきまとったが、この作品で見事にそこから脱却した。

加えて、リンのキャンプ仲間を演じる大原優乃（各務原なでしこ）、田辺桃子（大垣千明）、箭内夢菜（犬山あおい）、志田彩良（斉藤恵那）も皆はまり役で、それぞれ原作キャラクターの再現度も高い。好評を受け、2021年4月からは同じキャストで続編に当たる『ゆるキャン△2』も放送された。

（ドラマ）原作／あfろ『ゆるキャン△』　脚本／北川亜矢子　監督／二宮崇、吉野主他　出演／福原遥、大原優乃他　チーフプロデューサー／森田昇（第2期）　プロデューサー／藤野慎也他　制作／テレビ東京、SDP、ヘッドクォーター

11 ペット大集合!・ポチたま

2000年10月20日〜2010年3月26日 金 後7：00

「癒やし」というのも「ユルさ」の一種ととらえるなら、この番組などはまさにそうだろう。犬や猫を中心に、さまざまなペットのVTRが紹介される。特に「ポチたまペットの旅」というコーナーで、お笑いタレントの松本秀樹とともに全国を旅したラブラドールレトリバーのまさお君は、ちょっとドジなところもある愛すべき「旅犬」として、大いに人気を博した。

12 決定版!・巨大マグロ戦争

2004年12月26日（第1回） 日 後7：54

毎年年末か年明けにスペシャル番組として放送されるドキュメンタリー。第1弾は、「決定版! マグロ伝説 〜まぐろに賭ける人々〜」のタイトルで放送された。マグロに関わる色々な人びとが登場するが、なんと言っても目玉はマグロ漁師。毎回、若手から大ベテランまで個性豊かな漁師が登場し、それぞれの流儀でマグロ漁に果敢に挑む姿は、極上のエンタメになっている。

13 元祖!・大食い王決定戦

2005年4月11日〜現在（不定期） 月 後7：00（第1回）

『TVチャンピオン』のなかの「全国大食い選手権」が独立して生まれた特番。現在も『大食い王決定戦』として続いている。赤阪尊子や白田信幸、小林尊といったスターを輩出した初期からすでに20年以上が経ち、いまは「MAX鈴木」こと鈴木隆将、「魔女菅原」こと菅原初代らの時代だ。MCではやはり、1994年から22年務めた中村有志の名司会が忘れがたい。

14 おはよう、たけしですみません。

2017年10月2日〜2017年10月6日 毎日 前7：30

ビートたけし（北野武）が監督作『アウトレイジ最終章』の公開に合わせ、月曜から金曜まで朝7時半からの30分、毎日生放送で出演。最新のニュースについて、水道橋博士（浅草キッド）や太田光（爆笑問題）とともにトークするという内容だったが、たけしが3日目の放送を無断欠席して騒ぎになった。理由は不明で、昔のテレビっぽい奔放なユルさが懐かしかった。

コラム

テレ東御用達芸能人列伝

「テレ東(東京12チャンネル)でしか顔を見ない」というタレントが、昔はいた。実際はそうではないのだが、テレ東のレギュラー番組の印象がとりわけ強いがゆえに、そんなイメージが付いた。『おはようスタジオ』のMCとして「志賀ちゃん」の名で親しまれた志賀正浩、『ザ・スターボウリング』という芸能人によるボウリング番組で司会をしていた「クロベエ」こと黒部幸英などはそうかもしれない。

実は、国民的大スターになる前にテレ東に出演していた、というパターンもある。『所ジョージのドバドバ大爆弾』に素人で出演していたとんねるずや、『SMAP×SMAP』が始まる前にテレ東でレギュラー番組を持っていたSMAPなどは、さしずめそうだろう。

そして、存在自体がテレ東っぽいという芸能人もいる。テレ東のユルさやガチな部分を体現するような人たちである。その代表としては、まず蛭子能収や出川哲朗の名が挙がるだろう。『ローカル路線バス乗り継ぎの旅』にしても、『出川哲朗の充電させてもらえませんか?』にしても、テレ東ならではの企画であると同時に、この2人でなければ人気番組にはならなかっただろうと思えるほど、その個性は番組の人気に貢献したと言える。

第2部

〝深夜〟というフロンティアを開拓したテレ東〈ドラマ編〉

深夜に登場したマニアックなドラマ

「いまや深夜こそが、本当のゴールデンタイム」。そう思うテレビ好きは多いのではないだろうか？　かく言う私もそのひとりだ。そして、いま深夜のテレビをリードするテレビ局は？　と聞かれたならば、私なら迷わずテレ東の名を挙げる。

なかでも、「深夜のテレ東」の活況に貢献大なのが、ドラマだろう。深夜ドラマの質と量においてテレ東に勝るテレビ局は、おそらく目下のところないに違いない。

深夜番組の歴史は古い。当初、深夜は一日の仕事を終えた大人の男性、要するにオヤジたちがお酒でも飲みながらゆっくり楽しむ時間帯だった。だから、大橋巨泉が司会だった『11PM』（日本テレビ系、1965年放送開始）のような、お色気、ギャンブル、ゴルフや釣りをメインにした番組（時には硬派な企画もあったが）が人気だった。

ところが、1980年代になると状況は一変する。若者向けの番組が深夜を席巻するようになるのである。女子大生ブームを巻き起こした『オールナイトフジ』（フジテレビ系、1983年放送開始）は、その代表だ。異例の「終了時間未定」を掲げ、素人の女子大生と若手お笑い芸人が土曜の夜にお祭り騒ぎを繰り広げた。ここで「一気!」を歌いながら、テレビカメラを引きずり倒して壊すという伝説の事件の主人公となったとんねるずは、この番組への出演をきっかけに若者のカリスマになっていく。

この盛り上がりとともに、若者向けの深夜ドラマも作られるようになった。

たとえば、1988年に始まった『やっぱり猫が好き』(フジテレビ系)は、いまも話題になることがある脚本家・三谷幸喜の出世作だ。そして2000年には、仲間由紀恵と阿部寛の主演、堤幸彦の演出、そして鬼束ちひろの主題歌「月光」でも有名な『TRICK』(テレビ朝日系)がヒットする。前者は、三姉妹の家のなかだけで話が進むシチュエーションコメディで、後者は主演2人の掛け合いや小ネタが面白いコメディタッチのミステリー。いずれも、当時ゴールデンタイムではできなかったマニアックさで、新しいドラマのかたちを見せた作品だった。

そしてその流れを受け、さらにマニアックさを増した作品で人気を博したのが、2000年代以降のテレビ東京だった。コラムでもふれるが、深夜ドラマ枠「ドラマ24」が新設されたのが2005年10月のこと。その成功によって、テレ東は深夜ドラマの世界をリードする存在になっていく。以下は、テレ東深夜ドラマの歴史を飾った名作、話題作たちだ。

15

モテキ

ドラマ24の20作目は青春ドラマの傑作

2010年7月17日～10月2日 土 前0:12

30歳手前の地味な草食系男子が急にモテモテになる、という男性にとっては羨ましい設定だが、そこに誰もが共感できる屈折や孤独が描かれ、恋愛経験を経ての人間的成長もある。苦さと爽快さが絶妙に入り混じった青春ドラマの傑作である。

原作は久保ミツロウの人気漫画。そのエッセンスを活かしながら、魅力的な音楽ドラマに仕立て上げた演出・大根仁の手腕が光る。突然、ミュージカル風になったり、画面にカラオケのように歌詞が出たりするのは、その一端。なによりも、毎回J－POPやロックの楽曲が流れ、その歌の内容がドラマとシンクロするところが感動させてくれた。

特に最終回のラスト、主人公の藤本幸世が、eastern youth の「男子畢生危機一髪」を

iPodで聴きながら真夜中の街をママチャリで疾走するシーンは名場面だ。歯を食いしばり、ひたすら漕ぎ続ける幸世のアップとeastern youthのライブ映像がカットバックで映し出される。そして幸世は、「オレには、モテキなんかいらない。そうだ、次はオレが誰かのモテキになるんだ」と心に決める。いつしか夜は終わり、明け方になっている。

ダンサーでもある主演の森山未來は、まさにはまり役。またモテキを彩る野波麻帆、菊地凛子、松本莉緒ら女優陣も魅力的で、特に満島ひかりは印象に残る。彼女が第6話で神聖かまってちゃんの「ロックンロールは鳴り止まないっ」を歌う場面には、グッとくる。

本作は「ドラマ24」の節目となる20作目。そうした記念作が必ずしも成功するとは限らないが、この『モテキ』は2011年には映画化もされ、累計興収が20億円を突破するヒット作となった。本作の成功によって、「ドラマ24」の評価も完全に定まったと言える。

プレイバック

映画版はドラマ版の1年後の設定で、オリジナルストーリーが展開。実在するニュースサイト「ナタリー」が幸世の職場になっていた。

ドラマ　原作／久保ミツロウ（講談社「イブニング」）　脚本・演出／大根仁　出演／森山未來、野波麻帆、満島ひかり他　音楽／岩崎太整　主題歌／フジファブリック「夜明けのBEAT」　チーフプロデューサー／岡部紳二（テレビ東京）　プロデューサー／阿部真士（テレビ東京）、市山竜次　制作／テレビ東京、オフィスクレッシェンド　賞歴／ギャラクシー賞テレビ部門選奨（2010）、東京ドラマアウォード優秀賞（2011）

16

勇者ヨシヒコと魔王の城

全力でふざけているのが素晴らしい!

2011年7月9日〜9月24日 土 前0:12

「カメレオン俳優」と異名をとる山田孝之。闇金業者やAV監督を演じたかと思えば、『電車男』では典型的なオタクを演じる。役柄の幅の広さは折り紙付きだ。

そんな山田の変幻自在の演技力だからこそ成立し得たのが、この作品だろう。下敷きになっているのは、あの国民的RPG(ロールプレイングゲーム)である「ドラゴンクエスト」シリーズ。山田孝之扮する勇者ヨシヒコが、宅麻伸、木南晴夏、ムロツヨシ(本作の魔法使い、メレブ役でブレークした)とともにパーティを組み、旅に出る。

この個性的な仲間たちに仏役の佐藤二朗の怪演も加わり、いかにもクセの強い共演者ばかりだが、ここでの山田孝之は、あえてクセを殺しているところが面白い。おそらくアドリブが銃弾のように飛び交っている現場で、ひとり勇者を真顔で演じ続ける山田孝之を見ていると、逆にヨシヒコが一番ヘンなひとに見えてくるから不思議だ。

いまやコメディの第一人者となった感のある福田雄一のコミカルな演出もはまっている。低予算を逆手に取った手作り感満載の張りぼてモンスターたちとの戦闘場面は、チープさが逆に味わいに。また、民家に無断で入り、アイテムやお金を手に入れるため、タンスの引き出しを開け、壺を壊すヨシヒコ一行(ゲームと同様、ちゃんと縦列を組んでいる)がその家の住民に叱られる場面は、「ドラクエあるある」を笑いにして秀逸だった。

とにかく全編を通じ、スタッフも演者も〝全力でふざけている〟のが素晴らしい。それでいて、クライマックスのラスボスとの戦闘などは、ここぞとばかりに迫真の演技と演出で盛り上げる。その絶妙の匙《さじ》加減が、見る目の厳しい視聴者にも支持された理由だろう。

プレイバック

「ダンジョー」を演じる宅麻伸のコメディ演技が意外にハマっている。正統派二枚目の宅麻が真面目に演じれば演じるほど、面白い。

(ドラマ) 脚本・監督/福田雄一　出演/山田孝之、木南晴夏、ムロツヨシ、宅麻伸、佐藤二朗他　主題歌/mihimaru GT「エボ★レボリューション」　チーフプロデューサー/岡部紳二(テレビ東京)　プロデューサー/浅野太(テレビ東京)、武藤大司他　制作/テレビ東京、電通

17

「夜食テロ」というパワーワードを生み出した

孤独のグルメ

2012年1月5日〜2021年9月25日 土 前0：12（2015〜）

テレ東深夜ドラマが成し遂げた画期的なことのひとつが、バイプレイヤーの主役への起用だ。主役は主役、脇役は脇役、という業界の暗黙の了解、視聴者の側の古い常識を壊してみせたのが、テレ東の深夜ドラマだった。

その象徴的作品になったのが、いうまでもなくこの『孤独のグルメ』である。主人公の井之頭五郎を演じるのは、数十年間バイプレイヤー一筋でやってきた松重豊。連続ドラマの主演は初めてのことだった。

松重本人も、当初は「ただ食べているだけ」のドラマの面白さがわからず、絶対自分の〝黒歴史〟になると思っていたらしい。ところが、街でも声を掛けられるなど反響は大きく、考え直したという。いまやシーズン9まで続く、堂々たる松重の代表作になった。
人気の理由としては、「夜食テロ」というパワーワードを生み出したように、いかにも食欲をそそる料理が毎回登場することが、まず当然ある。それが高級レストランなどでなく、どこにでもありそうな街中のひっそりとした店であったりするのもポイントが高い。
それに加え、タイトル通り、「孤独」というのもキーワードだろう。深夜ドラマというのは、多くの場合、ひとりきりで見ているもののはず。画面の向こうの井之頭五郎もまた、家族連れの多いレストランであっても、はたまたみんながお酒を飲んで陽気になっている居酒屋であっても、ひとりで黙々とご飯を食べる。しかし、それは決して寂しいことではない。五郎のこころの声を語るナレーションが物語るように、とても充実した至福の時間なのだ。「孤独もまた楽し」。そこに深夜の視聴者も共感するのではないだろうか。

プレイバック

いつも気になるのは、井之頭五郎の注文数の多さ。ただのランチなのに数千円というのもざらにありそうで、「稼いでるなー」と思う。

ドラマ　原作／久住昌之『孤独のグルメ』（扶桑社）　脚本／田口佳宏他　演出／溝口憲司他　出演／松重豊　ナレーター／植草朋樹（テレビ東京アナウンサー）　プロデューサー／川村庄子（テレビ東京）、吉見健士（共同テレビ）　制作／共同テレビジョン（制作協力）　制作／テレビ東京　賞歴／ATP賞特別賞（2017）、東京ドラマアウォード優秀賞（2013）

18

ステレオタイプなオタク像を吹き飛ばした

アオイホノオ

2014年7月19日〜2014年9月27日 土 前0:12

いまや正統派女優の浜辺美波もオタクを演じる時代。ドラマのなかに、オタクのキャラクターがいるのもすっかり普通になった。だが、オタク文化がこれだけ世に浸透した現在も、オタクが変わり者でコミュ障など、類型的に描かれることはまだ多い。そんなステレオタイプなオタク像を吹き飛ばして痛快なのが、この『アオイホノオ』だ。原作は、島本和彦の同名漫画。島本（ドラマ内では焔《ホノオ》モユル）が漫画家としてプロデビューする前の大阪芸術大生だった時代を描いた自伝的作品である。

1980年代の初め、島本をはじめとした仲間たちは、まさにオタクの黎明期を担った。漫画やアニメに取りつかれたように夢中になる彼らは、確かに変わっている。だが、とにかく熱い。そこにはスポーツに打ち込むのとなんら変わらない青春の輝きがある。

また、後に有名になるオタク、漫画家、アニメーターたちが実名（名前はカタカナ表記だが）で登場するのも、大きな話題を呼んだ。岡田トシオ（濱田岳）なども登場するが、特に庵野ヒデアキ（安田顕）の奇行ぶりと天才ぶりを示すエピソードには、後の『新世紀エヴァンゲリオン』での成功を知っている私たち視聴者からすれば、「待ってました！」と言いたくなるような高揚感がある。元祖オタクたちの群像劇は、話で聞いたことしかなかった歴史上の出来事を見ているようで、ある種「大河ドラマ」的なワクワク感があった。

主人公を演じた柳楽優弥は、子役での成功以来しばらく存在感が薄かったが、この作品で見事に復活した。ヒロインの山本美月の雰囲気も絶妙。監督・脚本は福田雄一。この作品ではいつものギャグづくしの演出は抑え気味で、それが功を奏している。

プレイバック

物語の舞台である大阪芸術大学は、音楽界にも人材を輩出している。米津玄師も、中退ではあるが、系列の美術専門学校に通っていた。

（ドラマ）原作・島本和彦「アオイホノオ」（小学館「週刊ヤングサンデー」他）　脚本・監督／福田雄一　出演／柳楽優弥、山本美月他　ナレーター／古谷徹　主題歌／ウルフルズ「あーだこーだそーだ！」　チーフプロデューサー／中川順平（テレビ東京）　制作／テレビ東京、電通　賞歴／ギャラクシー賞テレビ部門奨励賞（2014）　東京ドラマアウォード優秀賞（2015）

19

本人役で山田孝之が登場する怪作

山田孝之の東京都北区赤羽

2015年1月10日〜3月28日 土 前0：52

『勇者ヨシヒコと魔王の城』の項でも述べたが、山田孝之ほどつかみづらい俳優はいない。そしてそれは、本人そのもののとらえどころのなさでもあるだろう。この作品は、そんな山田の不思議な魅力にあふれた快作にして、怪作である。

原作は、清野《セイノ》とおるが自らの赤羽での生活を漫画にした『ウヒョッ！東京都北区赤羽』。だがここでは、清野役ではなく、山田孝之が本人として登場する。カメラは、赤羽に暮らす山田孝之のひと夏の姿をとらえる。それは、ドラマのようでもあり、ドキュメンタリーのようでもあり、またどちらでもない既成のジャンルを超えたなにかでもある。

山田孝之の赤羽の簡素な部屋に綾野剛が遊びに来る場面もいいが、実際に赤羽に住むユニークな人びとが続々登場する場面が、やはり断然面白い。元AV男優で6度の離婚歴を持つ居酒屋「ちから」のマスター、サングラスをかけた強面の「ちから」の常連客・ジョージさん、歯に衣着せぬ毒舌の速射砲を客に浴びせるタイ料理居酒屋のママ・ワニダさん、などなど。いずれ劣らぬ濃すぎる面々である。

冒頭、山田孝之は、役と自分を切り離すことができなくなり、苦悩している。そのとき、清野とおるの原作漫画に出会い、赤羽に行き自分を見つめ直すことを決意。映画監督・山下敦弘に自分の姿を記録するよう依頼する。

この導入からして、リアルのようでもあり、フェイクのようでもある。深読みをしようと思えばいくらでもできるが、それこそ山田孝之の思う壺にも思えてくる。だから、あまり難しく考えず、ただ純粋に面白がるのが、案外正解なのかもしれない。

プレイバック

『全裸監督』などいまや曲者というイメージの山田孝之だが、『六番目の小夜子』の頃の美少年ぶりと比べると隔世の感に打たれる。

ドラマ　原作、原案／清野とおる『東京都北区赤羽』『ウヒョッ! 東京都北区赤羽』(Bbmf マガジン、双葉社)　構成／竹村武司　監督／松江哲明、山下敦弘　出演／山田孝之、山下敦弘他　プロデュース／太田勇　プロデューサー／清水啓太郎他　制作／テレビ東京、松竹撮影所

20

バイプレイヤー界のスターたちが演技合戦

バイプレイヤーズ
～もしも6人の名脇役がシェアハウスで暮らしたら～

2017年1月14日～4月1日 土 前0：12（第1シリーズ）

テレ東深夜ドラマの十八番である、脇役専門のバイプレイヤーの主役への抜擢。このドラマもまたそのひとつだ。しかも、バイプレイヤー界のスター6人が集結した『アベンジャーズ』のような作品である。

出演は、遠藤憲一、大杉漣、田口トモロヲ、寺島進、松重豊、光石研のいずれ劣らぬ名バイプレイヤーたち。全員本人役だ。そこに中国人ジャスミン役で北香那が加わる。人気シリーズとなり、現在第3シリーズまで作られ、映画化もされた。

第1シリーズでは、6人のバイプレイヤーがシェアハウスで共同生活を始める。海外の動画配信サイトから6人に大型ドラマ出演のオファーが届き、その際の条件が、役作りのために全員で3か月間共同生活を送るというものだったのである。和気藹々《あいあい》とシェアハウス生活を楽しむ6人だが、実はお互いのあいだには過去のわだかまりもある。そしてドラマ出演の約束も危うくなり……、というストーリーだ。共同生活という設定が、6人の濃密な演技合戦を際立たせるための舞台装置であることは、いうまでもない。

先ほど「バイプレイヤー界のスターたち」と書いたが、本来脇役は主役を食ってはならない。だから、バイプレイヤーがスターというのは矛盾している。しかし、時代は変わった。視聴者のドラマの見方がますますマニアックになり、画面の隅々まで目を凝らして見るようになっている。だから、主役ではないバイプレイヤーの魅力も、一段と発見されやすくなった。そしてマニアックなテレビ局と言えば、テレ東。この作品は、テレビそのものがマニアックになった時代が生んだ名作と言えるだろう。

プレイバック

片言の日本語でジャスミンを演じる北香那も、この作品への出演以降、貴重な若手バイプレイヤーとして方々で目にするようになった。

（ドラマ）脚本／松居大悟（S.1）、ふじきみつ彦他　監督／松居大悟、横浜聡子他　出演／大杉漣、遠藤憲一、田口トモロヲ、松重豊、光石研他　チーフプロデューサー／阿部真士　プロデューサー／濱谷晃一、田辺勇人他　制作／テレビ東京、ドリマックス・テレビジョン　賞歴／ATP賞ドラマ部門優秀賞（2017）、東京ドラマアウォード優秀賞（2017）

21

40代のゲイカップルの日常を丁寧に描く

きのう何食べた？

2019年4月6日〜6月29日 土 前0:12

近年のドラマに起こった最も大きな変化のひとつは、ＬＧＢＴと呼ばれるような性的少数者の人たちをメインにした作品が定着したことだろう。ブームを巻き起こした『おっさんずラブ』（テレビ朝日系、２０１８年放送）、そして別項でもふれる『30歳まで童貞だと魔法使いになれるらしい』（テレビ東京系）など、人気の話題作も少なくない。

そうしたなかでも、この『きのう何食べた？』は、ちょっと大人のドラマである。よしながふみの同名人気漫画が原作。西島秀俊演じる筧史朗は弁護士で、内野聖陽演じる矢吹賢二は美容師。ともに２人は40代のゲイカップルで、同棲生活を送っている。

もちろんそこには、職場でカミングアウトするかどうか、財産分与をどうするか、といった、ゲイ、そしてゲイカップルであるがゆえの悩みや葛藤が、職場仲間や友人、また周囲の同じゲイの人びととの交流を通して描かれる。だが同時に、そろそろ老境にさしかかった親との関係性など、誰もが直面する問題がじっくりと描かれる。

要するに、この作品のすぐれたところは、性的マイノリティの人びとの話だからといって特殊なこととして描くのではなく、むしろ誰にでも当てはまる普遍的な話を丁寧に描いているところにある。そんな人生の機微を表現する主演2人の演技は、達者の一言だ。

毎回物語の鍵になるのが、タイトルの通り「食」だ。史朗は、毎日自宅で夕食を作る。バランスをちゃんと考えた料理を作る、節約上手でもある。賢二も、史朗の作る料理をなによりも楽しみにしている。2人で囲む食卓。穏やかで確かな日常、そして幸福が、そこにはある。『きのう何食べた?』は、いまの時代ならではのホームドラマだ。

プレイバック

史朗が日々の食材を買う「スーパー中村屋」。よく特売の低脂肪乳を買っていた。実在の店だが、残念ながら閉店してしまったとのこと。

ドラマ　原作／よしながふみ『きのう何食べた？』（講談社「モーニング」）　脚本／安達奈緒子　監督／中江和仁、野尻克己他　出演／西島秀俊、内野聖陽他　プロデューサー／阿部真士（CP）、松本拓他　制作／テレビ東京、松竹　賞歴／ギャラクシー賞マイベストTV賞（2019）、同奨励賞（2019）、東京ドラマアウォード優秀賞（2019）

コラム

「ドラマ24」の成功

金曜深夜のドラマ枠としてすっかり定着した「ドラマ24」。枠の存在感という点では、TBSの「日曜劇場」にも近いものがあるのではなかろうか。

2005年第1作の『嬢王』から始まり、計63作品が放送されている（2021年6月現在）。この16年ほどのあいだに、『モテキ』、「勇者ヨシヒコ」シリーズ、『孤独のグルメ』、『バイプレイヤーズ』などの人気作はもちろんのこと、『きのう何食べた？』のような珠玉の人間ドラマ、『マジすか学園』のような斬新なアイドルドラマ、さらに染谷将太の童貞役が印象的な『みんな！エスパーだよ！』のようなぶっ飛んだ作品まで、ジャンルにこだわらない多種多様なドラマを世に送り出してきた。

この枠の特徴は、制作のスタイルにもある。『孤独のグルメ』など一部を除いて、「ドラマ24」の作品は、制作プロダクションや広告代理店、他の関連企業との共同制作の形をとっている。いわゆる「製作委員会方式」と呼ばれるものだ。映画やアニメではいち早くこの方式が盛んだったが、テレビドラマでは比較的珍しかった。

このように、「ドラマ24」は、21世紀におけるテレビドラマのフロンティアであった。

22 まほろ駅前番外地

駅前の便利屋を舞台にした〝青春〟の物語

2013年1月12日〜3月30日 土 前0：12

「ドラマ24」の記念となる30作目。それもあって、三浦しをんの直木賞受賞作『まほろ駅前多田便利軒』シリーズが原作、主演が瑛太（永山瑛太）と松田龍平、演出・脚本が大根仁という豪華版である。またメインキャストはそのままで、映画も2本作られた。その点、全体的にスケール感がある。

主人公の2人は中学の同級生で、まほろ市（東京の町田市がモデル）の駅前で便利屋を営んでいる。そこに舞い込む奇妙な依頼やちょっと厄介な依頼から巻き起こる騒動、そこに隠された人生の喜怒哀楽が、独特のタッチで描かれる。

主人公が仲間とともに便利屋を開くという設定は、中村雅俊が主演した往年の青春ドラマの傑作『俺たちの旅』をちょっと思い出させる。大人になろうとしてなり切れない感じも、似ている。ただ、昭和の『俺たちの旅』はまだ熱さが前面に出ていたが、こちらは平成という時代を反映してか、どこかユルい。その点、瑛太と松田龍平の雰囲気も合っている。テレ東らしく、また深夜ドラマらしくもある「終わらない青春」の物語。

（ドラマ）原作／三浦しをん『まほろ駅前番外地』『まほろ駅前多田便利軒』（文藝春秋） 脚本／大根仁他 演出／大根仁 出演／瑛太、松田龍平他 プロデューサー／岡部紳二（テレビ東京）（CP）他 制作／テレビ東京、リトルモア 賞歴／ギャラクシー賞テレビ部門奨励賞（2012）

23

デリヘルを舞台にした人間ドラマ

フルーツ宅配便

2019年1月12日〜3月30日 土 前0:12

同名漫画のドラマ化。深夜ドラマには、ゴールデンタイムのドラマでは扱いにくい題材を扱えるというメリットがある。たとえば、風俗業界などはそのひとつだろう。特にデリバリーヘルスの世界を舞台にしたこの作品は、深夜以外でドラマ化することは、おそらく不可能に近かったに違いない。

ただ、この作品は、決してお色気ものではない。借金やDVなど、なにかの事情で人生が上手くいっていない人びとのこころの裏側に迫る、真面目な人間ドラマである。

主人公のデリバリーヘルス店長見習い・咲田も、勤めていた会社が倒産し、東京から故郷へ戻ってきた挫折組だ。そんな彼は、店で働く女性たちの秘密や苦悩を知り、もがきながら自分の無力を知ることで、人間として成長していく。そんな役柄に、濱田岳は適役だ。

店のオーナー役の松尾スズキや同僚役の荒川良々、咲田の中学時代の同級生役の仲里依紗ら、実力派が脇を固める。またゲストも内山理名、成海璃子など充実のキャスティング。設定を聞いて〝食わず嫌い〟にならず、ぜひ一度見てほしい作品である。

ドラマ　原作／鈴木良雄（小学館「ビッグコミックオリジナル」）　脚本／根本ノンジ　監督／白石和彌他　出演／濱田岳、仲里依紗他　チーフプロデューサー／浅野太（テレビ東京）　プロデューサー／濱谷晃一（テレビ東京）他　制作／テレビ東京、オフィス・シロウズ　賞歴／放送文化基金賞テレビドラマ部門奨励賞（2018）

24

「逃げ恥」の脚本家による初のテレ東ドラマ

コタキ兄弟と四苦八苦

2020年1月11日～3月28日 土 前0：12

野木亜紀子と言えば、『逃げるは恥だが役に立つ』『アンナチュラル』（いずれもTBSテレビ系）など、ゴールデンタイムのドラマで数々のヒット作を生み出している売れっ子脚本家。その野木による初のテレ東作品、しかも深夜ドラマということで話題になった。演出は、『山田孝之の東京都北区赤羽』などでテレ東となにかと縁の深い山下敦弘。

ダブル主演を務めるのは古舘寛治と滝藤賢一。ともにバイプレイヤーで活躍する2人が主演を務めるところは、テレ東のお得意のパターンだ。2人が演じるのは、無職の兄弟。真面目で細かく、要領の悪い兄の古舘に対し、弟の滝藤はちゃらんぽらんで適当。そんな正反対の性格の2人がちょっとした成り行きで「レンタルおやじ」業をはじめ、毎回奇妙な依頼に振り回され、悪戦苦闘することになる。

結婚詐欺やごみ屋敷、怪しいセミナーが登場するところは、世相を取り込んだストーリー展開に長けた野木脚本らしい。一方で、喫茶店の娘（芳根京子）とコタキ兄弟が醸し出す空気感はまったりとして、ホッとする。派手ではないが、記憶に残る作品である。

（ドラマ）脚本／野木亜紀子　監督／山下敦弘　出演／古舘寛治、滝藤賢一他　チーフプロデューサー／阿部真士（テレビ東京）　プロデューサー／濱谷晃一（テレビ東京）、根岸洋之（マッチポイント）他　制作／テレビ東京、AOI Pro.　賞歴／ギャラクシー賞テレビ部門奨励賞（2019）、ATP賞ドラマ部門最優秀賞（2020）

25

大人気ＢＬコミックが原作の王道ラブコメ

30歳まで童貞だと魔法使いになれるらしい

２０２０年10月9日～12月25日 金 前1：00

「チェリまほ」の呼び名で、熱狂的ブームを巻き起こした。特にＳＮＳでのファンの盛り上がりぶりは日本のみならず海外でもすさまじく、新しいネット時代のドラマであることを感じさせる。

主人公の安達清は、童貞。30歳になり、「触れたひとの心が読める」魔法を突然身につける。そしてその能力によって、ふとしたきっかけで会社の同期のイケメン・黒沢優一が、自分に思いを寄せていることを知る…。

まず、ピュアで真面目な童貞の安達が、クールで表情をほとんど変えない黒沢の一途な熱い思いを魔法で知り、戸惑うという王道のラブコメ的設定が面白い。真剣に悩みながらも、時にうろたえてしまう姿が、ユーモラスかつ魅力的だ。

そしてなによりも、ひとを思いやる気持ちの大切さがとても繊細に描かれていて、共感を呼ぶ。そこには、安達役の主演・赤楚衛二、黒沢役の町田啓太など俳優陣の演技、演出や脚本のクオリティの高さも相まって、ＢＬものという枠を超えた普遍性が感じられる。

ドラマ 原作／豊田悠（スクウェア・エニックス「ガンガンコミックス pixiv」） 脚本／吉田恵里香他 監督／風間太樹他 出演／赤楚衛二、町田啓太他 制作／テレビ東京、大映テレビ 賞歴／ギャラクシー賞テレビ部門マイベスト TV 賞（2020）、同奨励賞（2020）

26 湯けむりスナイパー

2009年4月4日～6月27日 土 前0：12

同名漫画のドラマ化。遠藤憲一は、これが連ドラ初主演作となった。演出・脚本は、『モテキ』の大根仁。

遠藤憲一演じる源さんは、元は凄腕の殺し屋。だがそんな人生に嫌気がさし、まったく違う人生を送ろうと、秘境の温泉宿に来て働いている。仕事ぶりは真面目だ。だが、常に寡黙で、宿の女将に用事を頼まれても「ウイッス」と一言しか返さない。

そしてその土地には、源さんだけでなく、たとえば元伝説のストリッパーだったというような、訳ありの人たちが集まってくる。源さんは、自分もそうであるだけに、そうした人の匂いを敏感に嗅ぎ分ける。だが余計な詮索はしない。そして時には、互いの境遇を以心伝心で察したかのように、無言のこころの交流が生まれる。このあたり、人目のうるさい世間から隔絶した秘境の温泉宿という設定が抜群に効いている。強面だが人情家、といった役柄が似合う遠藤憲一の魅力が存分に発揮された、隠れた名作と言えるだろう。

ドラマ　原作／ひじかた憂峰、松森正　演出・脚本／大根仁　出演／遠藤憲一他　プロデュース／岡部紳二他　制作／テレビ東京、制作協力／オフィスクレッシェンド

27 嬢王

2005年10月8日～12月24日 土 前0：12

同名漫画が原作で、主演は北川弘美。「ドラマ24」の記念すべき第1作である。主人公の藤崎彩は、お嬢様育ちの女子大生。ところが、父親の会社が倒産し、多額の借金の返済のためにキャバクラの世界に足を踏み入れることになる。キャバクラ嬢ナンバーワンを決める「Q－1グランプリ」が開催されるという設定は、「K－1」や「M－1」が人気になった時代を思わせる。

28 怪奇恋愛作戦

2015年1月10日～3月28日 土 前0：12

タイトルは、円谷プロによる往年の特撮ホラーミステリー『怪奇大作戦』から。物語にも、吸血鬼や妖怪などが登場する。監督・脚本のケラリーノ・サンドロヴィッチによるオマージュである。さらに横溝正史ワールドのパロディ回もあり、ホラー好き、ミステリー好きなら楽しめること請け合い。主演の麻生久美子の魅力も全開で、もっと評価されてほしい作品である。

29 宮本から君へ

2018年4月7日～6月30日 土 前0：52

文具メーカーの営業マンになった若きサラリーマンが、人生に迷いながらも成長していく姿を描く。主演は池松壮亮。主人公の「宮本浩」という名は、主題歌を担当したエレファントカシマシの宮本浩次から取ったもの。エレファントカシマシのヒット曲「今宵の月のように」がずっとバックに流れているかのように思える作品である。続編になる形で映画化もされた。

30 デザイナー 渋井直人の休日

2019年1月18日～4月5日 金 前1：00

ここも現在のドラマ界を支える代表的バイプレイヤーのひとり、光石研の初単独主演作。渋井直人は、52歳独身のデザイナー。仕事や恋愛のことなどの悩みはありながらも、好きなサブカルを満喫し、それなりに平穏な日々を送っている。都会特有の根無し草的単身生活を送る人間ならではの、ふんわりとした、それでいてどこか切ない空気感が上手く掬《すく》い取られた佳作。

31 レンタルなんもしない人

2020年4月9日～10月1日 木 前0：12

「依頼者とともに過ごすだけでなにもしない」ことを生業とする「レンタルなんもしない人」の実話をもとにドラマ化。「SNS疲れの女子大生と誕生日を祝う」「離婚届の提出に同行」といった変わった依頼内容に、現代社会の裏面が浮き彫りになる。主演の増田貴久（NEWS）はバリバリのジャニーズアイドルだが、「なんもしない人」の佇まいを上手く醸し出している。

32 きょうの猫村さん

2020年4月9日～9月17日 木 前0：52

松重豊が、猫の家政婦・猫村ねこに扮するという変わり種のドラマ。同名漫画が原作。猫村さんは、犬神家という裕福な一家で働くことになる。だがそこには外からはわからない秘密もあって……。市原悦子の『家政婦は見た！』（テレビ朝日系）のような話だが、そこは主役が猫なので、もっとほのぼのとしたファンタジー色がある。松重豊とのイメージのギャップもあり、クセになるドラマ。

第3部

〝深夜〟というフロンティアを開拓したテレ東〈バラエティ編〉

ゴールデンへの進出が「降格⁉」

いまやバラエティ番組の中心は、深夜にある。この気持ちは、お笑い好き、バラエティ好きを自負するひとなら、きっとわかってもらえるはずだ。

深夜バラエティのよさは、まず自由だということ。ゴールデンタイムだと、どうしても各世代に満遍なく見てもらえるものという制約がつきまとい、当たり障りのないものにならざるを得ない。おじいちゃんおばあちゃんから孫の世代まで満遍なく楽しめるような企画になりがち。逆に言えば、〝偏ったもの〟ができない。しかし、〝偏ったもの〟の放つ熱量こそが、人を強烈に惹きつけるパワーを持つ。その時代を超えた真理を証明するのが、深夜バラエティにほかならない。

テレ東は、そんな深夜バラエティの世界でも異彩を放っている。そこに感じるのは、他局以上の「なんでもあり」精神だ。とにかく、「面白そう」と思ったらどんな奇抜なアイデアも企画にし、それを周りも「いいね」と面白がる。そんな局内の雰囲気が目に浮かぶような深夜バラエティが、テレ東には多い。

そしてそうした番組が、現在のテレ東全体を担ってもいる。いまテレ東を支えるゴールデンタイムのバラエティには、深夜から始まったものが多い。『モヤモヤさまぁ〜ず2』や『家、ついて行ってイイですか?』などは、みなそうだ(2021年9月時点)。

テレビ好き、特にネット界隈のテレビ好きのあいだでは、深夜の人気バラエティがゴールデンタイムに移動することが決まると、「降格」と呼んで嘆きの声が上がる。

普通は喜ぶべきところだが、先ほど書いたように万人向けになって〝偏ったもの〟のパワーが失われることを、テレ東ファンたちはいつも心配しているのである。ただ、『モヤモヤさまぁ〜ず2』にせよ、はたまた『家、ついて行ってイイですか?』にしても、深夜時代と基本的なテイストは変わっていない。ぶれない〝テレ東スピリット〟ここにあり、といったところだろうか。

もちろん、どんなに評判が良くても決して深夜から動かない、という番組もある。『ゴッドタン』などは、代表的なものだろう。いつも変わらぬ、時に過激な企画を見て、私たちは安堵する。その意味で、深夜バラエティは、制作側、演者、そして視聴者が織りなす「愛」の空間である。テレビ好き、特に深夜バラエティ好きは、そんな結界のような空間が誰にも邪魔されることなく、いつまでも続くことを願う存在なのだ。

33

深夜番組らしくエロ目線の企画を次々と繰り出した

やりすぎコージー

2005年4月3日〜2008年10月12日 日 前1：25（第1期）

Wコージこと、今田耕司と東野幸治。ダウンタウンの番組に欠かせない芸人ではあったが、その分バイプレイヤー的なイメージが強かった2人がメインになった番組。その芸人としての実力が、世間一般に広く知られるきっかけにもなった。

まずは深夜番組らしく、お色気路線で話題になった。AV女優をマリリン・モンローにあやかって「モンロー女優」と呼び、エロ目線の企画を次々と打ち出した。AV女優がテレビに出演する道を作ろうとしたという点では、飯島愛らが出演した『ギルガメッシュNIGHT』の流れを汲み、さらに恵比寿マスカッツを生んだ後の『おねがいマスカット』への橋渡し的役割を果たした。

もうひとつこの番組の柱になったのは、独特の切り口からの芸人企画である。大物ともいま旬の人気者とも違う、知る人ぞ知る個性的な芸人たちをフィーチャーした。

「ネイチャージモン」ことダチョウ倶楽部の寺門ジモンは、この番組が生んだスターだ。独自のサバイバル術に裏付けられた人生哲学を持つ寺門は、「山は歩くんじゃない、泳ぐんだ」などと数々の名言を放ち、さまざまな動物との格闘体験や自己流の修行方法を立て板に水のように語る。それを胡散臭《うさんくさ》そうにニヤニヤしながら見守るWコージとの対比も面白く、それまで地味だった寺門ジモンは、たちまち深夜バラエティファンの心をとらえた。

また詳しくは別項に譲るが、Mr.都市伝説として名高い関暁夫も、この番組がブレークのきっかけだった。いまや芸人は、お笑いではない部分でブレークするケースも多い。そんな時代の先駆けになった深夜バラエティであった。

プレイバック

「やりすぎ格闘王決定戦」という芸人によるガチの格闘技試合もあった。他局の『リングの魂』(テレビ朝日系)といい、芸人と格闘技は切り離せない。

(バラエティ) 総合演出/並木慶　出演/今田耕司、東野幸治、千原兄弟、大橋未歩(テレビ東京アナウンサー)他　プロデューサー/伊藤隆行、五箇公貴他　制作協力/吉本興業　制作/テレビ東京

34 愛ゆえに芸人を追い込んでしまう!

ゴッドタン

2005年10月8日〜現在 日 前1:45(2014〜)

並外れた芸人愛。『ゴッドタン』の魅力は、この一言に尽きる。それは、ついつい相手を甘やかしてしまうような、生半可《なまはんか》な愛ではない。愛の深さゆえに、芸人を窮地に追い込んでしまうこともある、怖さのある愛だ。しかしだからこそ、他のバラエティではお目にかかれないような、芸人のガチの底力が発揮される。そこに名企画もたくさん生まれた。たとえば、番組の目玉企画にもなった「マジ歌選手権」。芸人がネタ抜きで自作の曲を大真面目に歌う姿が、逆に爆笑を誘う。そして時には不覚にも感動してしまうことも。バナナマンの日村勇紀やフットボールアワーの後藤輝基も安定した面白さだが、ギターをかき鳴らしながら熱唱する、東京03の角田晃弘の圧倒的なマジさ加減も捨てがたい。

「腐り芸人セラピー」も、『ゴッドタン』ならではのヒット企画だろう。いまの主流のお笑いやバラエティになじめず、心に闇を抱える「腐り芸人」のハライチ・岩井勇気、インパルス・板倉俊之、平成ノブシコブシ・徳井健太。彼らが、同じ悩みを抱える芸人にアドバイスを送る。だが腐り芸人同士、当然すんなりとは行かず、対立したり、時には熱いお笑い論に発展したりすることも。ここでもお笑い芸人のリアルな一面が垣間見える。

ほかにも、深夜ならではの「キス我慢選手権」、劇団ひとりとキングコング・西野亮廣が壮絶なバトルを繰り広げる「仲直りフレンドパーク」など、枚挙に暇がない。また、おぎやはぎや劇団ひとりとともにMCを務める松丸友紀の、局アナでありながら芸人顔負けの面白さも特筆ものである。そしてこの番組をここまでにした功労者は、いうまでもなくプロデュース・演出の佐久間宣行だ。彼については、第9部で改めてふれたい。

プレイバック

この番組は、アイドル再生の場でもある。朝日奈央や野呂佳代など、アイドル時代は不遇だったタレントが、ここからブレークした。

（バラエティ）演出／佐久間宣行　構成／オークラ他　出演／おぎやはぎ（小木博明・矢作兼）、劇団ひとり、松丸友紀（テレビ東京アナウンサー）　ナレーター／服部潤　プロデューサー／佐久間宣行、露木寛子、伊藤隆行（CP）　制作協力／シオプロ　制作／テレビ東京　賞歴／ギャラクシー賞テレビ部門奨励賞（2017）

35

怖いもの見たさをエンタメの衣に包んだ

ウソかホントかわからない
やりすぎ都市伝説

2007年8月17日〜現在（不定期）　ゴールデンタイム、プライムタイム

最初は、『やりすぎコージー』内の一企画だったものが、ゴールデンタイムの特番でやったところ10%を超える視聴率を記録。『やりすぎコージー』終了後も、特番として放送され続けるようになった。いわば、大化けした形である。マツコ・デラックスもこの番組の熱烈なファンで、ゲスト出演したこともある。

都市伝説テラーの関暁夫は、この番組が生んだスターだ。元々はお笑いコンビ・ハローバイバイの一員として活動していたが、解散後はソロとなり、いまや芸名も「Mr.都市伝説関暁夫」になった。都市伝説を語った後、「信じるか信じないかはあなた次第です」という決めゼリフもおなじみだ。

最近のテレビは、コンプライアンスに厳しくなっている。裏を返せば、かつてはテレビにあった「見世物」としての魅力がだんだん薄れる傾向にある。「怖いもの見たさ」と言ったらいいだろうか、そんな欲求を満たしてくれる部分が、昔のテレビにはあった。本当だったら怖いが、それをエンタメの衣に包んで見せてくれるのがテレビという箱だった。1970年代から1980年代にかけて、「人食いワニ」や「謎の原始猿人」を求めて探検した「川口浩探検隊シリーズ」もそうだった。「なんだこれ?」という拍子抜けの結末も結構あったが、フィクションとノンフィクションの狭間で私たちはそうした番組を楽しんだ。芸人の話術によるという違いはあるが、『やりすぎ都市伝説』は、そうした意味での〝テレビらしいテレビ〟の数少ない生き残りと言えるかもしれない。また、そんな「マイナーのなかのメジャー」の立場を守り続けるところは、いかにもテレ東らしい。

プレイバック

「田原総一朗は日本初のエッチ男優だった」として、テレ東時代の田原が作ったドキュメンタリー番組がネタにされたこともあった。

(バラエティ) 演出／川田忠仁　監修／並木慶　出演／今田耕司、東野幸治、千原兄弟、Mr. 都市伝説・関暁夫　角谷暁子（テレビ東京アナウンサー）他　ナレーター／櫻井孝宏、須黒清華他　チーフプロデューサー／伊藤隆行　プロデューサー／岩下裕一郎、武井大樹、今瀧陽介　制作／テレビ東京

36

AV女優がタレントとして出演!!

おねがい!マスカット

2008年4月7日~2009年3月30日 月 前2:00

いつの頃からか、テレビで「AV女優」が「セクシー女優」と紹介されるようになり、タレントとして番組に出演するようになった。

そんなセクシー女優たちやグラビアアイドルを集め、アイドルグループを結成したのがこの番組である。グループ名は「恵比寿マスカッツ」というちょっと意味深なもの。初代リーダーは蒼井そら。時はAKB48全盛、グループアイドルが続々と誕生した時代だった。その波にも乗ったのか、デビュー曲「バナナ・マンゴー・ハイスクール/12の34で泣いてwith 涙四姉妹」はオリコン週間シングルチャート8位を記録するヒットとなった。

バラエティ番組としても面白かった。みひろのようなぶりっ子キャラもいれば、明日花キララのようなギャル系もいる個性派揃い。それをMCのおぎやはぎと大久保佳代子が、時に自ら体を張りながら、巧みに笑いに持っていく。とんねるずの番組演出で知られるマッコイ斉藤特有の、きつめのいじりも上手くハマっていた。

それに彼女たちは皆、普通のアイドルにはない肝の据わり方をしていた。特に面白かったのは、「スカッとテレフォン」というコーナー。マスカッツメンバーが芸人に突然生電話を入れ、難癖をつけ、おちょくる。そこで因縁も生まれた。まだやさぐれていた頃の有吉弘行が、「ふざけんなよ」とスタジオに乱入、大暴れしたこともある（最後は猿岩石時代の懐かしのヒット曲「白い雲のように」をみんなで仲良く歌うというオチだった）。

もちろんエロ目当てで見る男性視聴者も多かったに違いないが、いざ見てみるとバラエティとしても面白い。その意味でかなりお得感のある番組だった。

プレイバック

恵比寿マスカッツは、エロ要素の入った異端ではあるが、正統派の感じも意外にあって、再評価されるべきアイドルグループだと思う。

バラエティ　総合演出／マッコイ斉藤　ディレクター／小島マサヒロ　演出／二階堂めぐみ（AP兼任）　司会／おぎやはぎ、大久保佳代子（オアシズ）　出演／恵比寿マスカッツ　総合プロデューサー／町田晋　プロデューサー／矢部純一（ADEX）　制作協力／SHO-GUN　制作／PLUSMIC、CFP、テレビ大阪（配信）

コラム

テレ東お色気番組の系譜

この第3部のイントロ（P60）でも書いたが、かつては深夜番組と言えば「お色気」だった。東京12チャンネルだった頃のテレ東にも、『独占！男の時間』という深夜番組が、1975年に始まった。司会は、俳優の山城新伍。この番組は、若き日の笑福亭鶴瓶が〝伝説の事件〟を起こしたことで知られる。最初の出演時、スタッフの態度に腹を立てた鶴瓶は、温泉レポートの際にわざと下半身を露出して強制退場に。そして2度目（番組の最終回だった）の出演では、今度はカメラに肛門を見せるという暴挙に出て、長らく出禁となった。

その後、『独占！おとなの時間』（1977年放送開始）を経て、1981年に『サタデーナイトショー』がスタート。この司会に抜擢されたのが、東京進出からまだ間もない頃の明石家さんまだった。ただ、視聴率がよかったにも関わらず打ち切りになった経緯に納得ができなかったさんまは、それ以降テレ東にはほとんど出演していない。

そして、1991年に、『ギルガメッシュないと』が始まった。司会は岩本恭生と細川ふみえ。飯島愛とイジリー岡田は、この番組で一躍有名になった。特に飯島は、AV女優のアイドル化、タレント化のパイオニア的成功例として歴史に名を残す。

37

ポンコツ芸人が悩める「ダメ人間」を更生させる

怒りオヤジ～愛の説教対局～

2005年4月8日～6月24日 金 前1：00

深夜バラエティのスターと言えば、「ダメ人間」。働かずパチスロ三昧、借金まみれの生活を送るといった「ダメ人間」は、テレビの裏通りとも言える深夜によく似合う。そんな彼らをどう活かすかは、番組スタッフの腕の見せ所だろう。この『怒りオヤジ』は、その見事な成功例だ。

基本は、一般人と芸能人の対局方式。毎回、悩みを抱えた一般人の「ダメ人間」に対して説教役の芸能人が登場し、更生させようとする。ところが、一般人も「31歳自称天才ニート」「浮気がやめられない5股中の女」など強者揃い。芸能人側も、蛭子能収、出川哲朗、ふかわりょうのような「ポンコツ」感のある、一癖も二癖もある顔ぶれで、すんなりとは解決しない。逆に、芸能人のほうが丸め込まれてしまうこともある。

ただ、常識の側が勝つとは限らないのが、ゴールデンタイムとは違う深夜の醍醐味。どちらが勝とうと、「こんな生きかたもある」と目を開かせてくれるところに、この番組の真の価値があったように思う。

（バラエティ）演出／水口智就　出演／さまぁ～ず（大竹一樹・三村マサカズ）、及川奈央他　プロデューサー／伊藤隆行他　制作協力／極東電視台　制作／テレビ東京

38

小説家や歌人をゲストに迎えて「あるある」ネタを競う

共感百景
～痛いほど気持ちがわかる　あるある～

2014年1月2日 木 後11:15

「あるある」ネタは、レイザーラモンRG、あるいは土佐兄弟など、いまも人気のあるお笑いジャンルのひとつだ。この番組は、そんな「あるある」ネタを「共感詩」という自由律の詩のかたちにして発表し、互いの作品について語り合いながら面白さを競い合う。いわば、文学版「あるある」ネタである。司会は自ら小説を書く劇団ひとり、最高顧問として審査にあたるのが歌人の俵万智。

出演者には、オアシズ・光浦靖子やバナナマン・日村勇紀といった芸人、芸人にして作家の又吉直樹、漫画家の清野とおる、さらに西加奈子のようなプロの作家など8名が登場。次々に「共感詩」を発表していった。ちなみにこの回の最優秀賞は、「実家」というお題で又吉直樹が出した「グーグルアースで屋根は見た」だった。いかにも現代的で、読むひとによって色々な心情を重ね合わせられそうなところは流石と言うべきだろう。

元々はイベントとして行われていたが、『ゴッドタン』の演出で有名な佐久間宣行がテレビ番組として企画した。彼の守備範囲の広さを教えてくれる番組でもある。

(バラエティ) 演出・プロデューサー／佐久間宣行　MC／劇団ひとり　解説／俵万智（初回）　出演／日村勇紀（バナナマン）、小籔千豊、又吉直樹（ピース）、西加奈子（作家）、清野とおる（漫画家）他　制作／テレビ東京

39

5本の特番として一気に放送！

無理矢理、マツコ。テレ東に無理矢理やらされちゃったのよ～

2018年6月11日 月 前0：35（全5回のうちの第5回）

マツコ・デラックスとテレ東。ともにニッチなところで高い人気を誇る。いかにもありそうな組み合わせである。だがマツコが超売れっ子になってからは、意外に縁がなかった。そこで5本の特番を企画して、一気に放送したのがこの番組である。

ざっと番組名を列挙すると、「マッコ監禁 100人の愚痴を聞く」「マツコがマネーをあげたいクイズ」「レンタルマツコ！ マツコ、20分100円でレンタルはじめたってよ」「マツコ、昨日死んだってよ。」となる。人生相談、クイズ、ロケ企画、「マツコが亡くなった」というフェイクニュースから始まるニセ追悼特番と、意欲的、実験的な番組が並んだ。

最後の「テレ東に無理矢理やらされちゃったのよ～」は、4本撮り終えての反省会。そこでマツコは、『レール7』（列車の時刻表がただ延々と流れる）という昔の超マニアックな番組を熱く語るなど深いテレ東愛を吐露する一方で、「テレ東を弱者と思って応援していたけど、実際に出演してみてもう立派なテレビ局」と突き放した。ニッチでありながら、ブランドとなったテレ東の複雑な立場をズバッと言い当てるところは、面目躍如である。

（バラエティ）出演／マツコ・デラックス、池谷亨、濱谷晃一（ともにテレビ東京）他　プロデューサー／井関勇人、池田大史他　チーフプロデューサー／髙野学　演出／海野裕二、平元潤他　制作／テレビ東京

40 液体グルメバラエティーたれ

2017年7月11日〜9月12日 火 前0：12

「よくこんな企画が通ったなあ」とは、深夜バラエティに対する最大級の誉め言葉だ。全編たれだけで作るこの番組などはまさに、そう言いたくなる企画の代表だろう。しかも、1回限りの特番ではなく、50分番組で10回も放送したのだから凄い。

有名人や芸能人が思い出のたれを紹介する企画や、色々な名店に行ってたれを味わうロケ企画は、いかにもありそうだ。だがこれが、アンテナショップを回ってご当地のたれを食べ比べする「熱闘たれ甲子園」や、ポン酢マニアや管理栄養士がこれぞというたれを持ち寄り、エビフライや卵かけご飯にかけてどっちが美味しいかを競う「たれ将棋」になると、「そこまでやるか」と半ばあきれながらも、つい笑ってしまう。

最後は、究極のたれを決めるために「全日本タレ総選挙」を実施。国民投票で、「日本一美味しいタレ」を決めた。ちなみに1位は、「スタミナ源たれ」という青森県の焼き肉のたれだった。

バラエティ　総合演出／大城浩一郎　出演／鷲見玲奈、銀シャリ（橋本直・鰻和弘）ナレーター／平野義和、夢眠ねむ（でんぱ組.inc）他　制作／テレビ東京

第4部

テレ東の定番、旅と食

日常をエンタメにするアイデア

旅と食は、いまのテレビを支えるメインコンテンツである。二つが合体したような企画も多いし、極端に言えば、一日のテレビのうちで、どちらかに関わる番組をやっていない時間帯はないほどだ。旅番組やグルメ番組はもちろん、朝の情報番組や夕方のニュース番組でも、旅や食をフィーチャーしたコーナーは、必ずと言っていいほど入っている。

そのなかでテレ東も、旅と食に関しては年季が入っている。そしてそこには、テレ東が味わってきた苦難の歴史も刻み込まれている。開局以来、他の在京民放テレビ局に比べて圧倒的に予算が乏しかったテレ東は、報道番組やドラマよりもお金のかからない旅番組やグルメ番組でしのがざるを得なかった。

だが、アイデアは無料。ここでもユニークな企画を考え、テレ東は新境地を開いてきた。

たとえば、1983年にスタートした『クイズ地球まるかじり』は、象徴的な番組だ。世界の食文化にスポットライトを当て、クイズ形式で紹介する水曜9時からのバラエティである。いまのテレビを見るとウソのような話だが、食のみでゴールデンタイムに1時間番組を制作するのは、当時前代未聞のことだった。だがこの番組が予想外に人気となり、11年続く長寿番組になった。

1990年代、そして2000年代以降、他局も旅と食に力を入れるようになったが、テレ東は老舗の底力を発揮し、一歩先んじてきた。

食に関しては、なんと言っても大食いが目玉になった（第1部を参照）。いまも大食いスターが登場する『デカ盛りハンター』がゴールデンのレギュラー番組として放送されるなど、大食いはテレ東のキラーコンテンツとして健在だ。

旅番組も、ゴールデンタイムのテレ東の定番中の定番だ。とはいっても、ただ名所や名産品を紹介するような旅番組はもはや皆無と言っていい。

かつては旅番組と言えば、そうしたものがメインだった。そちらが「非日常」の解放気分を満喫するものだったとすれば、いまのテレ東の旅番組は「日常」の延長線上にある。『ローカル路線バス乗り継ぎの旅』も、ゲーム的な面白さはもちろんあるが、太川陽介や蛭子能収が地元の人びとと一緒に路線バスに乗っている風景そのものは、とても日常的だ。

考えてみれば、大食いの強者たちがラーメンや回転寿司を食べる風景も同じだろう。日常をいかにエンタメ化するか。それがテレ東の旅と食に共通するコンセプトだ。

41

出没！アド街ック天国

街のランキングという新しい発想

1995年4月15日～現在　土　後9：00

ランキング形式というのは、やはりワクワクするものだ。黒柳徹子と久米宏が司会を務めた往年の音楽番組『ザ・ベストテン』（TBSテレビ系、1978年放送開始）も、ランキング形式でなければ、あれほどの人気は出なかっただろう。

なかでも、この『アド街ック天国』の「街のランキング」という発想は、新しかった。毎回ひとつの街を宣伝するというコンセプト（「アド」は広告を意味するアドバタイジングから取っている）。その街の名物や名所、有名な人物や地元の店を独自にランク付けし、ベスト20（最初はベスト30だった）を決める。

別に限定しているわけではないが、東京とその近辺の街が取り上げられることが多い。

ちなみに第1回は、代官山だった。もちろん、新宿や渋谷などは何度も登場している。ただ、新宿であれば歌舞伎町、西新宿のように、さらにエリアを絞って特集される場合も多く、最も登場回数が多いのは浅草である（2021年4月現在）。

また、全国的にはそれほど知られていない街が取り上げられるのも、この番組ならではの面白さだろう。たとえば、青物横丁や椎名町と言われても、関東に住むひと以外にはピンとこないはずだ。だが、そんな街をしれっと特集してしまうのも、テレ東らしい。

「あなたの街の宣伝部長」という肩書きの司会は、初代が愛川欽也。その後井ノ原快彦が2代目として引き継いだ。番組の企画・演出を担当した制作プロダクション・ハウフルスの菅原正豊は、『THE夜もヒッパレ』（日本テレビ系）や『タモリのボキャブラ天国』（フジテレビ系）などの総合演出も務めたテレビ界きっての才人のひとりである。

プレイバック

レギュラーの峰竜太と薬丸裕英はパネラー歴が長いが、薬丸の前のパネラーが元「ちびっこギャング」の越川大介だったのも懐かしい。

（バラエティ）演出／堀江昭子（ハウフルス）他　企画監修／菅原正豊（ハウフルス）　出演／井ノ原快彦（V6）、片渕茜（テレビ東京アナウンサー）、峰竜太、薬丸裕英、山田五郎他　プロデューサー／田中晋也（テレビ東京）、佐藤実・田中優（ともにハウフルス）他　制作／テレビ東京、ハウフルス

42

ぽっちゃりタレントの存在価値を高めた

debuya

2000年10月6日〜2003年9月27日 土 前0：09

「デブなのは悪いことではなく、むしろいいこと」という逆転の発想で企画されたバラエティ番組。だからレギュラーが、石ちゃんことホンジャマカ・石塚英彦と、おやじダンサーズで振付師のパパイヤ鈴木。それにボディビルで鍛えた筋肉美が自慢の外国人タレント、ランディ・マッスル（『笑っていいとも！』でもおなじみだった）。当然、デブを賛美しようという趣旨のコーナーが色々と登場した。

そのひとつが、「大盛りの美学」。大盛りメニューで有名な店を訪れ、実際にチャレンジする。いわば食リポのコーナーだが、ここで石ちゃんが発した「まいうー」が爆発的に流行した。言葉自体は、「うまい」をひっくり返した業界用語で以前からあったものだが、年中半そでシャツにオーバーオールの石ちゃんが汗だくになりながら食べ、満面の笑みでこのフレーズを発するといかにも美味しそうに見え、みんなが真似するようになった。

また番組企画で、石ちゃんとパパイヤが「My You」（「まいうー」のもじり）でCDデビューもした。パパイヤはいうまでもないが、かつては石ちゃんも、アイドル歌手立花理佐の「キミはどんとくらい」でバックダンサー（覆面マスク姿で顔は見えなかったが）をしていたことがある。2人ともに、いわゆる「踊れるデブ」の代表でもあった。

こうして人気番組となったこの番組は、2003年10月からは『元祖！でぶや』として、タイトルも新たに深夜からゴールデンタイムへと昇格を果たす。いまや芸能界に欠かせない「ぽっちゃり（おデブ）タレント」。この番組は、その存在価値を一気に高めたという点で、ある意味歴史的な番組である。

プレイバック

石ちゃんとお笑いコンビ「ホンジャマカ」を組む相方・恵俊彰も、最初は「おデブ」キャラだったことを知っているひとはもう少ないかも。

（バラエティ）構成／成田はじめ、須平敦宣　演出／田中久義　出演／石塚英彦（ホンジャマカ）、パパイヤ鈴木、ランディ・マッスル他　プロデューサー／大和田宇一、徳江長政他　制作／テレビ東京、ワタナベエンターテインメント

43

テレ東が生み出した傑作旅バラエティ!

田舎に泊まろう!

2003年4月6日〜2010年3月28日 日 後7:00

2000年代テレ東が生み出した傑作旅バラエティのひとつ。毎回渡された郵便番号をもとに芸能人が見知らぬ田舎に行き、地元の住民の家に一晩泊めてもらうよう「お泊まり交渉」をする。事前交渉の一切ない、いわゆる「アポなし」で、土地勘もない。だから時には断られ続け、辺りも暗くなってタイムリミットが迫ってくる。その焦る姿が、なんともリアルだった。実際、交渉不成立に終わり、結局野宿をしたお笑いタレントの石田靖のようなケースもあった。

めでたく泊めてもらうことが決まると、夕食の時間になる。近所の人や親せきが集まっての宴会になることもあるが、多くの場合はその一家と食卓を囲む。食後は、その一家の昔話や苦労話、いまの暮らしのことをじっくり聞く時間になることも少なくない。ただ、DA PUMPのISSAのように、ついお酒が進み、酔って爆睡してしまうパターンもあった。そしてお風呂をいただき、就寝となる。

翌朝起きると、「一宿一飯の恩義」として、泊めてもらったお礼をするのが恒例だった。よくあるのは、その家の畑仕事や漁などの家業、家の掃除や台所仕事を手伝うパターン。絵が得意な芸能人だと、自作の絵を描いてプレゼントするというケースもあった。そして最後は見送られながら、お別れの場面。ここで思わず涙ぐむ芸能人も多かった。

とにかく、泊めてもらうまでのガチな感じと、宿泊先の家族とのほのぼのとした、時に感動的な交流とのバランスが絶妙で、旅バラエティのお手本のような番組と言っていい。レギュラー番組として終了後、スペシャルとして何度か放送されているが、いまレギュラー放送として復活しても、面白さは色あせないのではないかと思う。

プレイバック

ただいまの時代だと、ロケをする場所をよほど吟味して選ばなければ、SNSの情報ですぐにひとが集まってきてしまうのかもしれない。

（旅・バラエティ）企画／小路丸哲也　総合演出／五十嵐洋文　ナレーション／バカボン鬼塚　出演／徳光和夫（特番時）、大江麻理子（テレビ東京アナウンサー、特番時）他　プロデューサー／大島信彦（CP）他　制作／テレビ東京

44

出演者のキャラクターの魅力

ローカル路線バス乗り継ぎの旅

2007年10月20日〜2017年1月2日 土 後6：30

テレ東と言えばマニアック。だからゴールデンタイムの番組は苦戦する。そういう定説を覆したと言えるのが、この番組だろう。裏番組のフジテレビ『めちゃ×2イケてるッ！』の視聴率を上回ったときには、快挙としてニュースにもなった。ただの旅番組のはずなのに映画化までされたのも、いま思うと凄い話である。

太川陽介と蛭子能収、それに毎回ゲストの女性（マドンナ）が3人一組となって路線バスだけを乗り継ぎ、3泊4日で目的地へのゴールを目指す。旅番組なのだが、観光地などには一切足を向けず、バスのないところでは何kmもの山越えの道のりを歩いたりする。

この番組、日本全国のさまざまな街の様子や自然の風景なども確かに見どころだが、なんと言っても出演者のキャラクターの魅力によるところは大きかった。

リーダーの太川は、地図や時刻表とにらめっこで終始真剣なのに対し、蛭子さんは正反対。バスのなかで居眠りをするのは当たり前、歩いている途中で大好きなパチンコ屋を見つけて遊んでしまった結果、最終バスに乗り遅れるという〝伝説〟も残した。また食事も、地元の名物などには目もくれず、いつもかつ丼のようなどこでも食べられるものを頼む。そんな蛭子さんに、真面目な太川陽介が時々本気で腹を立てているのも視聴者としては楽しめた。またマドンナのキャラクターによって、雰囲気が変わるのも面白かった。

蛭子さんの体力の衰えなどから2017年の第25弾をもってコンビ交代に至ったのは、残念としか言いようがない。だがいまも、リニューアル版である田中要次と羽田圭介による『ローカル路線バス乗り継ぎの旅Z』はもちろん、太川と村井美樹がバスと鉄道で対決する『ローカル路線バスVS鉄道 乗り継ぎ対決旅』など、その遺伝子は確実に受け継がれている。

プレイバック

マドンナは大体、頑張り屋で太川のサポート役になるパターンなのだが、さとう珠緒だけは蛭子さん寄りで、「女蛭子」と呼ばれた。

旅・バラエティ　企画／釜澤安季子　ディレクター／鹿島健城、山下紗季他　出演／太川陽介、蛭子能収他　ナレーター／生野文治、キートン山田　プロデューサー／田中智子他　制作／テレビ東京、PROTX

45

電動バイクで充電をしながら珍道中

出川哲朗の充電させてもらえませんか？

2017年4月15日～現在 土 後7：54

テレ東御用達芸人のひとり、出川哲朗のゴールデン初冠番組。裏番組にNHK『ブラタモリ』があり、開始当初は〝対決〟か？　と話題になった。実際、視聴率も好調で、いまではテレ東の看板番組のひとつになった。

内容は、ごくシンプル。出川哲朗と回替わりのゲスト、それに番組ディレクターが、スイカ柄のヘルメットをかぶり、電動バイクで目的地まで2泊3日の旅をする。途中、バイクの充電が切れたときは、道筋沿いのお店や民家にお願いし、コンセントを借りて充電する。そこで生まれる地元の人びととの人情味あふれる交流、珍道中が、大きな見どころだ。

ゲストは、通常は出川の芸人仲間であることが多いが、元ＳＭＡＰの中居正広や香取慎吾など、時おり大物も登場する。出川の人脈の広さ、愛されキャラぶりが垣間見える。
愛されキャラと言えば、行く先々での出川の人気もすさまじい。充電で休憩したり、食事をしたりして店から出てくると、前には黒山の人だかりという場面も珍しくない。出川も出川で、一人ひとりとこまめに握手したり、一緒に写真に納まったりしている。かつては「嫌いな芸人」の代表だった出川がいまや「好きな芸人」になったという話はよく聞くが、「本当にそうなんだ」と実感させられる光景である。
演出として面白いのは、テロップだ。ご存知の通り、出川は流暢《りゅうちょう》にしゃべるタイプではない。必ずと言っていいほど単語を言い間違えたり、言葉がつかえたりする。それを「ど、ど、どうして?」のように実際の発話をそのままテロップにしていて、スタッフの出川愛と工夫を感じさせる。あと、映像に絡めたBGMのダジャレを考えるのも楽しい。

プレイバック

この番組、ドローンを駆使した空撮も見事だ。道路の周囲の海や紅葉を俯瞰《ふかん》でとらえた絶景に思わず目を奪われることも少なくない。

（旅・バラエティ）演出／縫田輝久、井坂周二（ともに総合演出）他　出演／出川哲朗他　プロデューサー／水野亮太、鈴木拓也、小高亮（CP）（ともにテレビ東京）他　制作／テレビ東京

コラム

最初に食をエンタメ化したのはテレ東

1983年放送開始の『クイズ地球まるかじり』。イントロ（P76）で、この番組が食のエンタメ化のパイオニアだという話をしたが、ここでもう少しその内容を紹介しておこう。司会は落語家の桂文珍（初代は俳優の長門裕之）と、『ママとあそぼう！ピンポンパン』（フジテレビ系）の「おねえさん」として人気だった酒井ゆきえ。クイズ形式で、さまざまな角度から食にスポットを当てる。たとえば、外国人に納豆、梅干し、塩辛などを食べてもらい、その表情を見て「二度と口にしたくないもの」を当てるクイズは、海外との食文化の違いのエンタメ化。また、一般人の家庭に出た食事の献立5品のうち2番目と3番目に食べたものを当てるクイズは、私たちの日常の食生活のエンタメ化であった。

こう見ても、いまのテレビの食エンタメ番組と、基本的にあまり変わっていない。『クイズ！地球まるかじり』の先駆性を物語るものだろう。

その後1990年代に入り、さらに大食いという鉱脈を掘り当てたテレ東は、食のエンタメ化の先頭を走り続けた。この頃から他局が企画を真似するようにもなった。つまり、現在のようにテレ東がブランド化するきっかけもまた、食だったのである。

46

歴史に残る長寿旅番組

いい旅・夢気分

1986年4月16日〜2013年9月18日 水 後8：00

テレ東の旅番組の代名詞であり、歴史に残る長寿番組である。始まったのが1986年。当初はスタジオパートもあり、司会者がいた。ひとりは、歌手の刀根麻理子。もうひとりが、アニメ『サザエさん』のマスオさん役を演じた声優の近石真介というのは、意外なところだろう。近石は、旅のVTRのナレーションも務めている。

その後、スタジオパートはなくなり、全編旅のVTRが流れるおなじみのスタイルになった。毎回、2人の芸能人が、季節に合わせて国内の観光地を訪れ、名産品や料理に舌鼓を打ち、温泉を味わう。そこにゆったりとしたナレーションがかぶさる。

つまり、旅番組としてはとてつもなくシンプルである。昭和感あふれるとも言えるが、そのシンプルさが最大の武器でもあった。放送時間は水曜夜8時から。バリバリのゴールデンタイムである。そのなかで20年以上も続いたのは、他局の番組を騒々しいと感じる視聴者にとって、この番組がオアシスであり続けたからだろう。現在も、単発の『いい旅スペシャル』と名を変えて放送されているのは、根強い視聴者からの支持の証しだ。

（旅）出演／近石真介（ナレーションも）、大和田伸也他　プロデューサー／神山祐人、桜井卓也（CP）　制作／テレビ東京、PROTX

47 リヤカーマンのでっかい地球!大冒険

2006年11月23日　後9：00

「リヤカーマン」とは、冒険家・永瀬忠志のことである。最低限の水、食料、そして生活用品を積んだリヤカーを自分で引いて、世界中を旅する。

私など凡人は、「なぜわざわざそんなことを!?」とまず思ってしまう。アフリカのサハラ砂漠、11、100キロの距離をリヤカーで縦断する姿などは、あまりに常識はずれでシュールでさえある。だが本人はいつも至って平常心で、その淡々とした表情には、どこか哲学者を彷彿とさせるものがある。

このときは、南米アマゾン900キロの旅の様子が放送された。数年前にやり残した南米大陸縦断を完成させるためのチャレンジだった。気温50度になる猛暑、ジャガーやワニといった猛獣に遭遇する危険もあるなか、リヤカーマンは、時には悪路に悩まされ、時には現地の人びとに助けてもらいながら、ひたすらリヤカーを引き続ける。その黙々と歩む姿には、まさに「人生」そのものと思わせるような、静かな感動がある。

ドキュメント　出演／永瀬忠志　語り／竹中直人　プロデュース・総合演出／田淵俊彦　制作／テレビ東京、PROTX

48 男子ごはん

2008年4月20日～現在　日　前11：25

TOKIOの国分太一が、男性料理家・栗原心平（初代は料理研究家のケンタロウ）とともに送る料理バラエティ。日曜午前、オシャレな音楽が流れるなか、息の合った掛け合いとともに軽快に番組は進んでいく。

毎年新年SPにはナインティナイン・岡村隆史が出演する。肉じゃがやカレーなど、家庭料理を美味しく作るコツを教えてくれるところも嬉しい。

49 世界ナゼそこに?日本人 ～知られざる波乱万丈伝～

2012年10月26日～2020年3月23日　月　後9：00

世界の僻地《へきち》に住む日本人を紹介。「住めば都」と言うが、この地球上には、こちらの想像もつかない過酷な場所にたくさんの人間が住んでいることに驚く。テレビの魅力は、普通に生活していては体験できないものを見られること。2020年にはリニューアルし、日本のなかの秘境や僻地に住むひとが続々登場するようになったが、面白さの基本は変わっていない。

第5部

テレ東はアイドルの庭

テレ東のユルさがアイドルをリラックスさせる!?

昔から、アイドルとテレビは切っても切り離せない関係だ。たとえば、いまの日本のアイドル文化の出発点になったと言えるのが、『スター誕生!』（日本テレビ系）である。1971年に始まったこのオーディション番組は、森昌子、桜田淳子、山口百恵の「花の中3トリオ」、岩崎宏美、ピンク・レディー、さらに小泉今日子、中森明菜などを輩出した。

オーディション番組は、デビュー前からの姿が見られることで、アイドルに対する親しみをぐっと増す効果がある。その手法は、アイドルの歴史にとってその後も重要なものになった。1980年代、『夕やけニャンニャン』（フジテレビ系）のなかのオーディションコーナーから多くのメンバーが生まれたおニャン子クラブも、そうだった。

そして1990年代、テレ東の出番がやってくる。オーディションバラエティ『ASAYAN』からモーニング娘。が結成された。歌やダンスのレッスン、それに最終選考を兼ねた合宿などに密着し、参加者の素の魅力を伝えるドキュメンタリー的手法は、モーニング娘。の人気に大いに貢献した。またこの番組からは、小室哲哉プロデュースで鈴木あみ

（現・鈴木亜美）もデビュー。モーニング娘。とのシングル売り上げ対決も盛り上がった。

コラムでもふれるが、テレ東は、男性アイドル、特にジャニーズとの関係も深い。1970年代にフォーリーブスが『歌え！ヤンヤン！』で活躍し、1980年代には田原俊彦、近藤真彦、野村義男の「たのきんトリオ」が、その後継番組『ヤンヤン歌うスタジオ』にほとんど毎週のように出演していた。そして1980年代後半には、光GENJIやSMAPがメインのドラマ『あぶない少年』シリーズも放送された。SMAPは、『SMAP×SMAP』（フジテレビ）が始まる直前まで、レギュラーバラエティ番組を持っていた。

このようにテレ東には、男女問わず、アイドルとの深いかかわりの歴史がある。だからアイドルのアーカイブ映像も、他局以上に充実している。毎年恒例の大型音楽特番『テレ東音楽祭』でもアイドルの「懐かし映像」が豊富なのは、それが理由だ。また2016年のこの番組で、薬丸裕英が国分太一や井ノ原快彦とともに「100%…SOかもね！」を歌って28年ぶりにシブがき隊が〝復活〟したのも、そんな歴史があってこそのことだ。

アイドルにとって、テレ東の自由でユルい雰囲気は、リラックスして自分たちの個性を発揮するのにもってこいなのだろう。現在放送されている、乃木坂46など坂道シリーズのアイドル番組などを見ても、その良き伝統は失われていない。

50

「LOVEマシーン」大ヒットの余勢を駆って

ハロー！モーニング。

2000年4月9日〜2007年4月1日 日 前11：30（2015〜）

通称『ハロモニ』。番組タイトルには、モーニング娘。と、彼女たちが所属するアイドル集団「ハロー！プロジェクト」（通称ハロプロ）の両方が掛かっている。

番組のスタートは2000年4月。この前年の1999年9月に発売された「LOVEマシーン」が記録的な大ヒット。その余勢を駆っての冠番組のスタートだった。初代司会者も、「LOVEマシーン」でいきなりセンターに抜擢され、鮮烈なデビューを果たしたゴマキこと後藤真希。開始当時まだ、14歳だった。家族が揃って見るような日曜昼頃の放送だったところにも、この頃のモー娘。の国民的人気の高さがうかがえる。

番組は、トークあり、クイズあり、ロケありの多彩な内容だった。そのなかでも記憶に残るのが、「ハロモニ。劇場」。モー娘。のメンバーが、結構長めのコントを演じるコーナーである。コントとしては、ちょっと昭和の匂いを感じさせるベタな感じのコントだったが、それがいかにもアイドルらしくもあった。

こうしたコントには、中澤裕子や矢口真里の婦警、道重さゆみの猫などコスプレを披露するという部分もあり、ファンにとってはたまらないものだっただろう。他のコーナーからも、ミニモニ。がカッパに扮する「かっぱモニ。」、石川梨華のぶりっ子キャラを活かした「チャーミー石川」など、数々の名物キャラクターが生まれた。

またこの番組では、モー娘。の追加メンバーオーディションや、後のBerryz工房や℃-uteのメンバーが合格したハロー!プロジェクトキッズ・オーディションなども開催。その点、モー娘。やハロプロのファンにとって欠かせない情報源でもあった。

プレイバック

テレ東の「ハロプロ枠」はいまも続いていて、2021年9月現在は、デビュー前のハロプロ研修生に密着する『ハロドリ。』が放送中。

（バラエティ）総合演出／谷口秀一　演出／柴幸伸、野中哲也他　出演／モーニング娘。他　ナレーター／諏訪部順一　プロデューサー／只野研治、大島信彦　制作／テレビ東京

51

マジすか学園

AKB メンバーがヤンキーに扮して抗争!

2010年1月9日~3月27日 土 前0:12

AKB48の主要メンバーが大挙ヤンキーに扮して抗争を繰り広げるドラマ。そんな設定の意外性もあって評判になり、シリーズ化、さらに舞台化もされた。

主人公は、当時センターとしてグループの象徴的な存在だった前田敦子。彼女が演じる主人公が、ヤンキーだらけの高校である馬路須加《まじすか》学園に転校してくるところから物語は始まる。はじめは元ヤンキーという素性を隠しているが、無類のケンカの強さがあるきっかけでばれ、他のヤンキーたちから次々と挑戦を受けることになる。

ドラマとしても面白いのだが、一方で、そこは演技が本業ではないアイドルがやっているものだという基本姿勢を崩さなかった。たとえば、毎回本編が始まる前には「お断り」

と称し、「このドラマは、学芸会の延長であり、登場人物の一部にお見苦しい（?）演技がございますが、温かく見守ってご覧いただければ幸いです。」という字幕が出ていた。だから、ファンならばより楽しめるネタも仕込んである。指原莉乃の役名は「ヲタ」。これは、指原自身がアイドルになる前はハロプロの熱狂的ファンであるなど、有名なアイドルオタクであったことから来ている。また、そのような役名が多いなかで、前田敦子が「前田敦子」、そのライバル役の大島優子が「大島優子」と役名が本人のままなのは、当時「AKB48選抜総選挙」で2人がトップの座を熾烈《しれつ》に争っていたことに重ねたものだろう。

こうしたところには、やはり原作・企画の秋元康らしい仕掛けの上手さが感じられる。深夜ドラマであったことも、そうした遊びの部分が増える理由になっただろう。「ここまで遊べる」という、2000年代以降のアイドル文化の爛熟《らんじゅく》を物語るドラマである。

プレイバック

ちなみに柏木由紀は腹黒イメージから「ブラック」、小嶋陽菜は自宅の部屋が汚いので「トリゴヤ」という結構な役名が付いていた。

（ドラマ）原作・企画／秋元康　脚本／森ハヤシ、鎌田智恵他　監督／佐藤太、松永洋一他、出演／AKB48他　チーフプロデューサー／岡部紳二（テレビ東京）　プロデューサー／中川順平（テレビ東京）、阿比留一彦他　制作／テレビ東京、電通

52
ジャニーズアイドルによる人生相談

トーキョーライブ24時
～ジャニーズが生で悩み解決できるの⁉～

2014年3月31日～4月11日 月～金 後11：58

ジャニーズがバラエティに出演するのは、いまや当たり前。だがそうなれば、ありきたりの番組では物足らないし、目立たない。なにかジャニーズが出演するバラエティとして、ひと工夫欲しいところだ。テレビ局の腕の見せ所だろう。

その意味で新鮮だったのが、〝ジャニーズアイドルによる人生相談〟をコンセプトにしたこの番組だった。月曜から金曜まで深夜の生放送。小山慶一郎、松岡昌宏、相葉雅紀、堂本剛、安田章大と日替わりでジャニーズが登場し、視聴者から寄せられた悩みに答え、最終的には視聴者投票によって回答を決める。

つまり、視聴者参加型のバラエティである。お悩みも、「芸人になると言い出した55歳の息子とコンビを組むことに……どうしたらいい？」や「スタバで緊張。頼み方が難しすぎる」といったユニークなものから、「実の父親じゃないってとっくに気づいているのに……」のようなシリアスなものまで多彩。それらの悩みについて、ジャニーズアイドルが視聴者とともに真剣に考えることで、彼らをより身近に感じられた。東京タワーの大展望台に特別に組まれたセットの雰囲気も含めて、ラジオの深夜放送的なノリがあった。

さらに、「堂本剛に似ている人」「タレント名鑑に載っている人」などにテレビ東京前への集合を呼びかけるコーナー、一人暮らしの視聴者宅から生中継して寂しさを慰めるコーナーなど、生放送の利点を存分に活かした構成も、見どころが多かった。

またバナナの形をしたテレ東のマスコット「ナナナ」は、開局50周年のこの年に誕生。この番組でアシスタント（声は博多大吉）を務め、好評だったことも付け加えておこう。

プレイバック

松岡昌宏と博多大吉は、現在同じテレ東の番組『二軒目どうする？〜ツマミのハナシ〜』という居酒屋トークバラエティでも共演中だ。

（バラエティ）構成／相澤昇、川上テッペイ他　企画／藤島ジュリーK.　出演／小山慶一郎、松岡昌宏他　プロデューサー／石井成臣、水野亮太（テレビ東京）他　総合演出・プロデューサー／佐久間宣行（テレビ東京）　制作／テレビ東京　賞歴／ギャラクシー賞テレビ部門奨励賞（2014）

53

世の中の不思議を調査する

ありえへん∞世界

2008年4月16日〜現在 火 後7：54（2012〜）

番組タイトルの通り「ありえへん」、すなわち常識ではあり得ないような、思わず目を疑う世の中の現象を調査するバラエティである。歴史的に有名な出来事の裏話から変わったラーメン屋の紹介まで、取り上げるネタは幅広い。

いま現役のジャニーズグループのなかでバラエティスキルの高いグループは？　と聞かれたら、まず真っ先に思い浮かぶ一組が関ジャニ∞だろう。ＭＣとして活躍中の村上信五などメンバー個々のバラエティスキルも高いが、グループになると関西のノリが全開になり、よりパワーアップする印象だ。キャリアを重ね、円熟味も増してきている。この『ありえへん∞世界』にレギュラーとして出演しているのは、村上信五、丸山隆平、安田章大の3人だが、過去のスペシャルでは全員が登場したこともある。
元々は深夜枠だったが、2010年に、現在の火曜日のゴールデンタイムに移動した。テレ東の深夜にジャニーズグループが冠番組を持つことは珍しくないが、それがゴールデンタイムに昇格するケースは近年なく、そこにも関ジャニ∞のバラエティ能力に対する評価の高さがうかがえる。さらにこの番組の場合には、コメンテーターとして出演する美輪明宏、宮崎哲弥の存在感も大きい。硬軟両方の話題に対応できる2人の存在は貴重だし、やはり美輪明宏のオーラは、ゴールデンタイムのバラエティでも異彩を放っている。
最近は、「事件です!〇〇人の生態調査」として、地域密着のローカルネタにシフトしている面もある。東京や京都といった都道府県単位ではなく、東京でも田端や蒲田などマニアックなところを特集するあたりは、テレ東テイストでもある。

プレイバック

いまやMCとして売れっ子で、この番組でもMCを務める村上信五の愛称は「ヒナ」。目元が雛形あきこに似ているところから付いた。

(バラエティ) 総合演出／水谷豊　出演／村上信五、丸山隆平、安田章大（以上、関ジャニ∞）、宮崎哲弥、美輪明宏他　プロデューサー／福本俊二、内田久善（CP）　制作／テレビ東京

コラム

ジャニーズとテレ東のディープな関係

いまでこそジャニーズがメインを張る番組はどこのテレビ局にもあるが、かつてはそうではなかった。そのなかで、ジャニーズアイドルがメインの番組を早い段階から放送してきたのが、テレ東（東京12チャンネル）である。

1970年代には、『歌え！ヤンヤン！』のメインとして、4人組のフォーリーブスが活躍した。それぞれ、歌やダンスが武器のメンバーもいれば、司会が上手、笑いが得意というように個性を発揮して、ジャニーズは単に見た目だけではないということを証明した。いまのジャニーズグループの冠番組の原点はここにある、と言っても過言ではない。

1977年に始まったアイドル番組『ヤンヤン歌うスタジオ』にも、ジャニーズアイドルは毎回のように出演した。司会のあのねのねとともにコントをやり、楽屋でのフリートーク、さらには近藤真彦や少年隊などのミニドラマもあった。

そして1980年代後半のドラマ『あぶない少年』シリーズには、光GENJIやSMAPが主演した。その後SMAPは、1991年から『愛ラブSMAP！』に出演。この番組は1996年4月『SMAP×SMAP』（フジテレビ）が始まる直前まで続くことになる。

54

日曜深夜は「坂道シリーズアワー」に
乃木坂って、どこ?

2011年10月3日~2015年4月13日 月 前0:00

2000年代後半以降、AKB48グループがアイドル界を席巻するなかで、AKB48の公式ライバルとして、乃木坂46が誕生した。と言っても、両方とも秋元康のプロデュースなので、ある種プロレス的なライバル関係といったところである。

その乃木坂46の初冠バラエティ番組が、この『乃木坂って、どこ?』だった。MCはバナナマン。この番組がテレビ東京の放送だったことで、後に続く欅坂46や日向坂46の番組も同じくテレビ東京になり、日曜深夜は〝坂道シリーズアワー〟となった。

内容は、さまざまな企画を通じてメンバー個々のキャラクターを浮き彫りにしようというもの。そこからメンバーの誰と誰が仲良しといった人間関係もわかり、ファンにとっては情報源としても貴重である。このあたりは、アイドルバラエティの王道だ。

もうひとつ、ファンにとって注目の的だったのは、この番組で新曲の選抜メンバーが発表されたことだ。乃木坂46の場合はAKB48のような選抜総選挙もなく、選抜メンバーとセンターはスタッフが決定する。その悲喜こもごもの姿に、ファンも一喜一憂した。

(バラエティ) 企画/秋元康　構成/そーたに他　出演/乃木坂46、バナナマン他　制作統括/阿比留一彦、藤田浩幸(ともに制作)　プロデューサー/鈴木勇人(テレビ愛知)、越智英二他　制作/テレビ愛知

55 青春高校3年C組

2018年4月2日〜2021年4月1日 火 前0：12（2020〜）

「理想のクラスを作る」というコンセプトを掲げ、番組内でオーディションを開催しながらメンバーを増やしていった。共学のクラスというコンセプトに従い、歌やダンスだけでなく、演技やバラエティなど多方面の才能を男女関係なく集め、多彩な部活を展開。

「担任」という名義で日替わりMCを務めるお笑い芸人は、メイプル超合金、小峠英二（バイきんぐ）、千鳥、三四郎、おぎやはぎ、バカリズム、日村勇紀（バナナマン）、柴田英嗣（アンタッチャブル）、飯塚悟志（東京03）と豪華メンバー、プロデューサーには佐久間宣行が加わり、強力な布陣だった。また企画・監修が秋元康で、当初月曜から金曜まで毎日夕方の放送だった点は、1980年代におニャン子ブームを巻き起こした往年の『夕やけニャンニャン』を思い出させた。

実際、「女子アイドル部」がCDデビューして活躍したが、男女混合の編成という点などは、アイドル番組として少し時代を先取りし過ぎた感もないではない。

バラエティ　企画・監修／秋元康　演出／三宅優樹　出演／メイプル超合金、中井りか他　制作総指揮／伊藤隆行　プロデューサー／佐久間宣行　制作／テレビ東京

56 欅って、書けない？

2015年10月5日〜2020年10月12日 月 前0：35

現在は櫻坂46に改名した欅坂46の初となる冠バラエティ番組。坂道シリーズの番組としては、2番目となる。MCはお笑い芸人の土田晃之と澤部佑（ハライチ）。大人数のアイドルグループによる冠バラエティ番組のメリットは、各メンバーの個性がわかるところ。不動のセンターだった平手友梨奈のイメージが強烈だった欅坂46にとっては、その点でも貴重だった。

57 ひらがな推し

2018年4月9日〜2019年4月1日 月 前1：05

かつてけやき坂46、通称「ひらがなけやき」という欅坂46の妹分的グループがあった。その彼女たちの冠バラエティ番組である。MCはオードリー。そしてその後、着実に人気を高めたけやき坂46は、「日向坂46」と改名して晴れて独立。番組も『日向坂で会いましょう』にリニューアルされた。日向坂46の秀逸なバラエティ力は、この番組で鍛えられたと言っていい。

第6部

真面目なテレ東も魅力

原点は東京12チャンネル時代

テレ東と言えば、肩肘を張らない脱力系。そんなイメージは強いが、決して不真面目なわけではない。テレ東には至極真面目な一面もあり、それは、テレビ局としての大切なアイデンティティの一部になっている。

たとえば、経済へのこだわりはそのひとつだ。知られるように日本経済新聞との経営上の密接な関係もあり、『ワールドビジネスサテライト』を筆頭に、経済ニュースを前面に出したテレ東の報道番組は、他局にはない個性になっている。

同じ意味で、『日経スペシャル ガイアの夜明け』のような経済に特化したドキュメンタリーも、ユニークな存在感を放っている。作家の村上龍が長年司会を務め、企業の裏側にスポットライトを当てる『カンブリア宮殿』なども、同様の番組の先駆けだ。さらに、日本経済新聞の記者だった田勢康弘がホストを務めた『田勢康弘の週刊ニュース新書』（セット内を猫が自由に歩き回っているのも猫好きのあいだで話題になった）なども印象深い番組だった。

近年は、「ドラマ Biz」という枠を設けて経済ドラマに挑戦したこともある。

スポーツでは、長年のサッカーへの貢献がある。1990年代にJリーグが発足するはるか以前から、テレ東は、サッカーの普及・紹介に努めてきた。1968年に始まった『三菱ダイヤモンド・サッカー』では、ヨーロッパのリーグ戦やワールドカップの試合を、実況・金子勝彦、解説・岡野俊一郎の名コンビで放送し、当時ほとんど活字や写真を通じてしか海外の情報を得られなかったサッカーファンを大喜びさせた。

ドラマも、深夜ドラマばかりではない。かつて、テレ東ドラマの代名詞と言えば、「12時間時代劇」だった。1979年から毎年正月恒例の番組として、12時間超に及ぶスペシャルドラマが放送されるようになる。特に1980年代からは、本格時代劇を制作。萬屋錦之介や北大路欣也といったスター俳優が宮本武蔵や柳生十兵衛を演じ、長きにわたりテレ東の看板番組になった。

また最近は、テレ東のイメージからは意外（?）な骨太のドラマが放送されることも多い。それでも『アメリカに負けなかった男～バカヤロー総理 吉田茂～』で吉田茂を演じたのが笑福亭鶴瓶だったように、独自の味付けを感じさせるところはやはりテレ東だ。

実は、こうしたものの原点の多くは、東京12チャンネル時代にあると言っていい。そのあたりの経緯は、この後のコラムなども含めてふれていくことにしたい。

58

バブル期に始まり30年以上続く

ワールドビジネスサテライト

1988年4月4日〜現在　月〜木　後10：00　金　後11：00（2021〜）

2021年の4月から、夜11時台から10時台のスタートに変わることでも話題になった。すでに開始から30年以上。テレ東の屋台骨を支える報道番組である。通称、WBS。

番組スタート時は、バブル景気の真っただ中。プロの投資家だけでなく、一般の素人も株をやり始めた時代だったことも、この番組誕生の背景にあっただろう。もちろん、それ以前から株式情報の番組を長年放送していたテレ東だからこそ、できた番組である。

また、WBSと言えば、女性キャスターのイメージも強い。初代メインキャスターは、現・東京都知事の小池百合子。以降、野中ともよ、田口恵美子、小谷真生子、そして現在の5代目・大江麻理子と続く。いまは他局でも報道番組のメインキャスターを女性が務めることは珍しくないが、ずっと一貫して女性というのはまれである。
基本的に経済ニュース中心で、コロナ禍についても経済からという切り口は変わらない。政治ネタももちろんあるが、他局のニュース番組ほどの比重ではない。スポーツコーナーもなく、芸能ネタを扱うこともほとんどない。こう書くと、なにか物足りない気がするかもしれないが、そのシンプルさが逆に落ち着けるというメリットにもつながる。新しい商品やサービスなどを若手アナウンサーがリポートする「トレンドたまご」のようなちょっと弾んだコーナーもあるが、全体に静かなトーンで番組は進行する。一日の終わりに見るニュースとしてそのほうが好ましいと思う視聴者も少なくないはずだ。
とはいえ、真面目ななかにテレ東イズムがちらっと覗く瞬間もある。テレ東アナの相内優香がVチューバー・相内ユウカとなって登場したときは、かなりの話題にもなった。

プレイバック

女性キャスターだけでなく、解説役の男性キャスターも地味ながら個性的だ。何食わぬ顔で駄洒落を言う滝田洋一などにもぜひ注目を。

(ニュース) 出演／大江麻理子（テレビ東京報道局）、佐々木明子、田中瞳、角谷暁子（ともにテレビ東京アナウンサー）、原田亮介他　制作／テレビ東京、日本経済新聞社（協力）　賞歴／放送文化基金賞個人・グループ部門（2000）、ギャラクシー賞特別賞（2004）、ATP賞特別賞（2007）

コラム

東京12チャンネルと日本経済新聞

日本テレビが読売新聞、TBSが毎日新聞、フジテレビが産経新聞、テレビ朝日が朝日新聞と、日本の民放キー局が資本面や経営面で新聞と密接な関係にあることは、よく知られた事実だろう。

ただテレビ東京の場合、東京12チャンネルとして出発した際、日本科学技術振興財団という政財界のバックアップによる財団が母体になっていた。だから当初は、新聞社によるテレビ局の系列化の埒外にあった。しかし、科学教育専門局でお堅い番組ばかりだったことで経営危機に陥った東京12チャンネルの再建を担うようになったのが、唯一放送媒体を持っていなかった日本経済新聞だった。そうして1969年11月、日本経済新聞は東京12チャンネルへの経営参加を決定、それをきっかけに一般総合局への転換を果たす。

その過程で、政財界との交渉役を務めたのが、日本経済新聞の中川順《すなお》である。中川は、1975年11月に東京12チャンネルの社長に就任。そして打ち出したのが、「社名変更」「ネットワークの完成」「新社屋の完成」の三つだった。また12チャンネルにちなみ、「12時間時代劇」のもととなるアイデアを出したのも、中川だった。

59

週末夜10時台に登場した教養番組

美の巨人たち

2000年4月8日～現在 土 後10：00

まず、この番組が土曜日の夜10時台の放送であることに驚く。NHKならまだしも、民放局が、視聴率を最も気にする週末のプライムタイムに芸術作品や美術品をじっくり紹介する教養番組をレギュラー放送するのは、きわめて珍しい。そしてそのような番組が20年以上続いていることにも賛嘆の念がわく。

毎回、海外か日本かを問わず、有名な画家、彫刻家、建築家など芸術家の代表的作品を取り上げる。第1回は、ピカソの「ゲルニカ」だった。そしてその芸術家や作品にまつわる背景やエピソードをドラマ仕立てで紹介する。番組開始から長年ナレーションを務めた俳優・小林薫の落ち着いた、味のあるナレーションも、番組にぴったりだった。

2019年4月からは『新美の巨人たち』としてリニューアル。毎回、「アートトラベラー」として芸能人が登場、作品や建築物などのある場所などを訪れる旅番組の要素が付け加わった。週刊誌の表紙やレコードジャケットのようなポップアートも、積極的に取り上げられるようになりつつある。そんな時代の変化も面白い。

教養 ナレーション／小林薫（～2019） 出演（『新美の巨人たち』）／又吉直樹、貫地谷しほり他 プロデューサー／川幡浩（初代） 制作／テレビ東京、日経映像 賞歴／ギャラクシー賞テレビ部門選奨（2002）、放送文化基金賞テレビエンターテインメント番組部門奨励賞（2018）

60

経済とドキュメンタリーの融合

日経スペシャル ガイアの夜明け

2002年4月14日～現在 金 後10：00（2021～）

経済はニュースになりにくい。突き詰めて言えば、経済とは数字だからだ。たとえば、株価に関するニュースでは、東京証券取引所の電光掲示板の数字などが映る。だが、よほど株式の世界に通じていない限り、どれだけ大きなニュースでも、その映像だけではピンとこないひとが少なくないだろう。そこには人間が映っていないからだ。

そこでテレ東が考えたのが、「経済ドキュメンタリー」への挑戦である。2002年に始まったこの『ガイアの夜明け』は、その第一弾だった。「NHKスペシャル」を思わせる「日経スペシャル」というネーミングからも、力の入り具合がわかろうというものだ。

だが、当初視聴率は苦戦した。放送一年目の平均視聴率は3％ちょっとにとどまった。

夜10時台の番組としては、相当物足りない。「番組終了」の文字もちらついた。

その苦境を脱するきっかけになった企画が、「中国農村少女」シリーズである。家族を助けるため都会に出て働く、中国の貧しい農村部出身の少女に長期密着取材したもので、最終的にその少女は工場の同僚と結婚し、母親になる。その健気な姿が、かつての高度経済成長期の日本人にオーバーラップするところもあったのだろう。視聴者の反響も大きく、第二弾の放送では初めて視聴率が5%を超えた。そうしたなかで、番組の人気も徐々に定着していく。いまや、企業の裏側への密着から社会問題まで、取り扱う題材は幅広い。

案内人やナレーターが俳優なのも特徴だ。重厚さが自然に醸し出され、経済の劇的な部分が強調される。初代案内人は役所広司で、初代ナレーターは蟹江敬三。その後も案内人は江口洋介、松下奈緒、またナレーターは杉本哲太、眞島秀和と俳優が続いている。

プレイバック

なにかが始まるワクワク感があるという意味で、「ガイアの夜明け」というネーミングもいい。ちなみに「ガイア」は「地球」の意味。

（ドキュメンタリー）出演／松下奈緒（案内人）　眞島秀和（ナレーター）他　プロデューサー／清水昇（CP）他　制作／テレビ東京　協力／日本経済新聞社　賞歴／日本民間放送連盟賞テレビ報道番組優秀賞（2005）、ギャラクシー賞テレビ部門奨励賞（2005、2007）、同報道活動部門優秀賞（2018）

61 他局にない当確者への生インタビューが評判に

池上彰の選挙ライブ

2010年7月11日～ (土) 後7：54 第22回参院選

池上彰の強みは、類似タレントがいないことだ。豊富な知識を持つタレントはほかにもいるだろうが、いざという時にジャーナリストとして力を発揮できるタレントはめったにいない。彼の元NHK記者という経歴を最大限に活かしたのが、この選挙特番だった。

通常、選挙特番で最も重視されるのは、いかに早く正確に「当選確実」速報を打てるかである。最近は、正式な開票結果がわかるよりもはるか前に、番組が始まるや否や出口調査や事前取材をもとに、各局が競い合うように当確情報を出す。だが、他局に比べ全国的ネットワーク整備などの面で後れを取るテレ東は、その点で不利な立場にある。

ならば、とこの番組でテレ東が考えたのが、「当確者プロフィール情報」の充実だった。

池上の提案もあり、所属政党、選挙区、年齢などだけでなく、「車庫入れが苦手」とか「歌手〇〇のファン」といった、ちょっとほっこりするプチ情報を入れたのである。この手法はネットなどでも大いに話題になり、いまでは他局も追随するようになった。

池上の生インタビューも、評判になった。こうした選挙特番では時間も限られ、当たり障りのない通り一遍のやり取りになりがちだが、たとえば、安倍首相（当時）との中継では、選挙結果を受けて集団的自衛権の行使や憲法改正についての見解を単刀直入に問い質すなど、緊張感あふれるやり取りが展開された。その様子は「池上無双」と呼ばれた。

その結果、視聴率が民放の選挙特番のなかで最高を記録することも珍しくなくなった。テレ東のニッチ狙いの力が、バラエティや経済だけでなく、政治においても有効なことを示した点で、この番組の成功はとても大きかったと言えるだろう。

プレイバック

付け加えると、毎回登場する手作り模型（選挙区情勢や政局を説明）にも独特の味と工夫があって、番組名物のひとつになっている。

（選挙番組）総合司会／池上彰、大江麻理子（テレビ東京キャスター）　中継キャスター／小島瑠璃子他　ゲスト／峰竜太、宮崎美子他　制作／テレビ東京　賞歴／ギャラクシー賞テレビ部門奨励賞（2010）、同優秀賞（2012）、菊池寛賞（2016）

コラム

選挙特番が変わった夜

国政選挙は、国の行末がかかった一大事。だがその結果を伝える選挙特番は、お祭りのようなところがある。不謹慎かもしれないが、支持政党とかは関係なく、当選か落選かギリギリのところのデッドヒートなどには下手なドラマも顔負けのワクワク感がある。

とはいえ、基本は信頼度の高さが重要。だから選挙特番の視聴率はずっと、NHKが強い。全国に放送局を持ち、スタッフや記者の数も多い公共放送の強みが最大限に活かされるのが、選挙特番だ。

そんな選挙特番を変えたのが、『池上彰の選挙ライブ』である。情報の正確さを怠っているわけではないだろうが、それまでの選挙特番にはなかった斬新な切り口で政治の世界に迫る。その表れが、別項でもふれたような「当選者プロフィール情報」のネタ的な充実であり、タブー視されていることにも敢然と切り込む生インタビューだった。

同じゲリラ的な手法で思い出すのは、『朝まで生テレビ!』の司会でおなじみの田原総一朗だ。知る人ぞ知るように、田原は東京12チャンネルの元社員。過激なドキュメンタリーを多く作り、物議を醸した。現在の田原の内にあるのも、実はテレ東のDNAなのだ。

62

サッカー文化深掘り番組

FOOT×BRAIN

2011年4月2日〜現在 日 前0：20（2018〜）

サッカー番組でよくあるのは、Jリーグの試合結果をダイジェストで紹介するような内容のもの。ただこれはひと味違う。毎回ゲストを招き、サッカーの戦術やテクニックについてだけでなく、クラブの経営論やサッカーをめぐる哲学的考察などもテーマに上る。いわば、サッカー文化の深掘り番組だ。MCは、サッカー経験者でもある俳優の勝村政信。

テレ東が、1960年代『三菱ダイヤモンド・サッカー』を皮切りに、日本でのサッカー文化の定着を応援する番組を作ってきたのは、イントロ（P107）でも述べた通りだ。1974年には、西ドイツで開催されたワールドカップの決勝戦を生中継するという、当時としては無謀とも思える大胆な挙に出た。いまのようにワールドカップが日本人にとっておなじみのものになるはるか以前のことである。テレ東のサッカー愛だからこそ、なせた業だろう。

この『FOOT×BRAIN』は、そんなテレ東の伝統を受け継ぐ番組である。先述した番組の内容からは、試合や選手を紹介するだけでなく、いかにサッカーを私たちの日常に根付かせるかという一歩進んだ問題意識も伝わってくる。

（スポーツ） 演出／園畑将基、元藤稔　出演／勝村政信、鷲見玲奈他　プロデューサー／花岡昌平他　チーフプロデューサー／加固敏彦　制作／テレビ東京

コラム

テレ東史上最高視聴率をとった番組は？

かつて在京民放局の視聴率争いのなかで、テレ東（東京12チャンネル）は「番外地」。つまり、最初から蚊帳《かや》の外にある、相手にするまでもないテレビ局と思われていた。しかし、テレ東にも高視聴率をあげた番組はある。ここで歴代ベスト5を紹介しよう（2014年10月時点。ビデオリサーチ調べ、関東地区世帯視聴率）。

基本的にスポーツ中継が多い。第5位がJリーグブームさなかの「Jリーグチャンピオンシップ 鹿島VS川崎」（1994年1月9日）で24・1％。そして第4位が「世界フライ級タイトルマッチ 花形進VSエルビト・サラバリア」（1975年4月1日）で25・2％、そして第2位も「世界フェザー級タイトルマッチ 西城正三VSF・クロフォード」（1971年2月28日）の34・9％とボクシングが入る。異色なのは第3位のドラマ『ハレンチ学園』（1970年10月8日）の28・4％。永井豪の漫画の実写化で、スカートめくりの場面が物議を醸した。

そして第1位は、「FIFAワールドカップサッカーアジア地区最終予選 日本VSイラク」（1993年10月28日）の48・1％。日本代表が初のワールドカップ出場をあと少しで逃した「ドーハの悲劇」として有名な試合だ。「サッカーのテレ東」の面目躍如である。

63

破獄

山田孝之の入魂の演技が光る

2017年4月12日 水 後9：00

原作は、吉村昭の同名小説。4度脱獄を繰り返したという受刑者の実話をもとに、看守と無期懲役囚の攻防、そして2人の不思議なこころの交流が描かれる。主演で看守・浦田進役がビートたけし、脱獄常習犯・佐久間清太郎役が山田孝之。脚本は池端俊策。

まずは、脱獄方法が色々と凄い。なかには天井に穴を開けて脱獄するという離れ業もあり、モデルの人物がヤモリのように壁を登ったとする様子が劇中で再現されている。

山田孝之の入魂の演技も特筆ものだ。極寒の雪のなかをふんどし一丁で走るといった体当たりの演技もそうだが、表情ひとつで佐久間の朴訥な人柄を表現するような絶妙な演技は、この作品に単なる脱獄ものに留まらない、人間ドラマとしての深みを与えている。そんな山田の演技をどっしりと受け止めるビートたけしの存在感も、出色だ。

この作品を見ると、ビートたけしと山田孝之は、その才能の質において似ているのかもしれないと思う。ともにマルチな分野で活躍しつつ、普通気づかないニッチなところに着目し、自分だけの世界を創り上げる。それはいうまでもなく、とてもテレ東的でもある。

（ドラマ）原作／吉村昭　脚本／池端俊策　監督／深川栄洋　出演／ビートたけし、山田孝之、満島ひかり、渡辺いっけい他　プロデューサー／田淵俊彦、川村庄子（ともにテレビ東京）他　制作協力／ドリマックス　制作／テレビ東京　賞歴／ギャラクシー賞テレビ部門選賞（2017）、東京ドラマアウォードグランプリ（2017）

64

12時間時代劇の代表作

壬生義士伝 新選組で一番強かった男

2002年1月2日 水 後2:00

正月恒例となった「12時間時代劇」は、その後10時間に短縮されたが、2000年代になっても「新世紀ワイド時代劇」として続いた。その時期の代表作のひとつである。浅田次郎の小説『壬生義士伝』が原作。

主演の渡辺謙が演じるのは、新選組の隊士・吉村貫一郎。貧困から脱出して家族を養うため東北の盛岡藩を脱藩した後、単身で新選組に入隊。お金のためならどんな任務も厭わぬ吉村は、周囲から陰口をたたかれながらも家族のために闘い続ける。幕末という激動の時代のなかで、自分なりの「義」を貫きながら生き抜いたひとりの武士の物語である。吉村は悲劇的な結末を迎えるのだが、渡辺謙はその生涯を堂々と演じ切っている。

お気づきのように、新選組のドラマだが、近藤勇、土方歳三、沖田総司といったいわゆるビッグネームではない人物が主人公というところにポイントがある。「12時間時代劇」の歴代主人公が、宮本武蔵、坂本龍馬、織田信長、豊臣秀吉、徳川家康など王道の人物がほとんどだったのと比べても、異色だ。その試みは、見事に成功している。

ドラマ 脚本／古田求、田村惠　監督／松原信吾、長尾啓司　出演／渡辺謙、竹中直人、高島礼子他　プロデューサー／佐生哲雄、佐々木淳一（共に松竹）他　製作／テレビ東京、松竹　賞歴／ギャラクシー賞テレビ部門選奨（2001）、ATP賞特別賞（2002）、橋田賞（2002）

65

鈴木先生

リアルな学園ドラマの到達点

2011年4月25日～6月27日　月　後10：00

長谷川博己の連続ドラマ初主演。この作品をきっかけに、彼の名はドラマファンのあいだでも有名になった。脚本には、いまや人気作家となった古沢良太が加わっている。

主人公の鈴木章は、中学教師。2年生の担任として、クラス全員に「心の革命」を起こし、「理想のクラス」を作ろうとする。とは言っても、学園ドラマによくある熱血教師ではない。鈴木先生は、生徒たちの性や恋愛の問題で騒ぎが起こっても、いつも冷静に状況を判断し、独自の方法論で生徒たちを導こうとする。一方で、クラスの女子生徒にあらぬ妄想を抱いて激しく悩み、また最後は交際女性と「できちゃった結婚」をすることで生徒たちに〝裁判〟を開かれるなど、生身の人間としても描かれるところが面白い。

『3年B組金八先生』は、等身大の生徒を登場させたリアルな学園ドラマの元祖的存在だが、この『鈴木先生』は、それ以上にリアルだ。リアリズムに基づく学園ドラマのひとつの到達点と言っていいだろう。生徒役として、土屋太鳳、北村匠海、松岡茉優も出演。視聴率は芳しくなかったが、数々のテレビ関連の賞を受賞。映画化もされた。

ドラマ　原作／武富健治（双葉社「漫画アクション」）　脚本／古沢良太、岩下悠子　監督／河合勇人、橋本光二郎他　出演／長谷川博己、山口智充、臼田あさ美他　制作／テレビ東京、アスミック・エース　賞歴／日本民間放送連盟テレビドラマ部門最優秀賞（2011）、放送文化基金賞テレビドラマ番組部門テレビ番組賞（2011）、ギャラクシー賞テレビ部門優秀賞（2011）

66

実例集に留まらない逆転劇の見応えも十分

ハラスメントゲーム

2018年10月15日～12月10日 月 後10：00

「経済のテレ東」として、報道やドキュメンタリーだけでなく、ドラマでも「経済ドラマ」専門の枠が作られた。それが、2018年4月から月曜22時台に新設された「ドラマBiz」である。第1作が、ヘッドハンティングを題材にした江口洋介主演の『ヘッドハンター』。2作目以降も、主演を仲村トオル、真木よう子、玉木宏らが務め、テレ東の本気度がうかがえた。

この「ドラマBiz」の3作目となったのが、『ハラスメントゲーム』である。主演は唐沢寿明で、脚本は『白い巨塔』や『14歳の母』など社会派作品で定評のある井上由美子。唐沢が演じたのは、大手スーパーマーケットチェーンのコンプライアンス室長。パワハラ、セクハラ、モラハラからアルハラやカスハラに至るまで、日々職場で起こる数々のハラスメントの解決のために、部下の広瀬アリスとともに奔走する。

ある種、ハラスメント実例集のようになっていて勉強になる。と同時に、社内の激しい派閥争いのなかで唐沢が活躍する逆転劇の面白さもあって、見応え十分の作品に仕上がっていた。「ドラマBiz」枠は消滅してしまったが、記憶しておきたい作品である。

（ドラマ）原作・脚本／井上由美子　演出／西浦正記、関野宗紀　出演／唐沢寿明、広瀬アリス他　チーフプロデューサー／稲田秀樹　プロデューサー／田淵俊彦、山鹿達也（ともにテレビ東京）他　制作／テレビ東京

67 二つの祖国

2019年3月23日・3月24日 土 日 後9：00

山崎豊子の同名小説が原作。ドラマ化されたのは、実はこれが2度目だった。1度目はNHK大河ドラマで、1984年に松本幸四郎（現・松本白鸚）が主演し、『山河燃ゆ』というタイトルで放送された。

主人公は、日系2世の新聞記者・天羽賢治。太平洋戦争のさなか、日米両国の狭間で苦悩する。このテレ東版では、小栗旬が演じた。若手俳優が中心のキャストだが、多部未華子、仲里依紗、高良健吾ら達者な俳優が多く、見応えがある。さらに極東国際軍事裁判（東京裁判）の場面では、ビートたけしが東条英機を演じ、話題になった。この場面は、実際に当時裁判で使われた防衛省市ヶ谷記念館の大講堂で撮影されている。

そのような歴史的事実へのこだわりの一方で、BGMが話題になった。イーグルスの「デスペラード」やビートルズの「カム・トゥゲザー」など、時代的には無関係な洋楽が全編に流れる。賛否両論だったが、テレ東ならではの大胆な演出だったことは確かだ。

ドラマ 原作／山崎豊子　脚本／長谷川康夫　監督／タカハタ秀太　出演／小栗旬、多部未華子他　プロデューサー／田淵俊彦（テレビ東京）他　制作／テレビ東京

68 アメリカに負けなかった男 ～バカヤロー総理 吉田茂～

2020年2月24日 月 後9：00

『二つの祖国』もそうだが、「大河ドラマ」のお株を奪うような大型歴史ドラマが作られるようになったのも、最近のテレ東の傾向だ。

この作品は、戦後日本が占領統治下から独立する際に総理大臣だった吉田茂が主人公。タイトルにもあるように、「バカヤロー解散」でも有名である。

ただ、そこはテレ東。主役に笑福亭鶴瓶を抜擢した。役者としても活躍しているのは確かだが、吉田茂は東京出身のべらんめえ口調。関西弁でまったりしたトークが持ち味の鶴瓶とはイメージが真逆だ。だが見た目がちょっと似ているのもあって、思いのほか違和感なく見ることができる。要所では、オッと思わせる演技も見せてくれる。また、いわゆる吉田学校のメンバーである佐藤栄作、池田勇人、田中角栄、また白洲次郎など、戦後史を飾る人物たちの群像劇としても面白い。大河ドラマがこのあたりの時代をほとんど扱わないので、余計に新鮮でもある。

ドラマ 原案／麻生和子（新潮社「父 吉田茂」）　脚本／竹内健造他　監督／若松節朗　出演／笑福亭鶴瓶、生田斗真他　制作／テレビ東京　賞歴／東京ドラマアウォード優秀賞（2020）

69 共演NG

2020年10月26日～12月7日 月 後10：00

秋元康が企画・原作、大根仁が脚本と演出、そして中井貴一と鈴木京香のダブル主演。「これがテレ東のドラマか!?」と思わず言いたくなるスタッフとキャストの豪華さでも話題になった。

内容も面白かった。遠山英二（中井）と大園瞳（鈴木）はともに大物俳優。かつては恋人同士だったが色々あって別れ、いまは共演NGだ。だがそこをあえて逆手に取った業界の仕掛け人（斎藤工）によって25年ぶりに共演することに。そしてほかにキャスティングされたのも、共演NG同士の俳優ばかり。トラブルや騒動が相次ぎ……、というコメディタッチのストーリーだ。

テレビ局名が「テレビ東洋」、すなわち「テレ東」で、「ウチは池の水抜いたり、人ん家で充電させてもらったりが専門だしな」といった自虐ネタも満載。またスポンサーも〝共演NG〟のはずのキリンとサントリー。最後の提供クレジットのところで両社の文字が大きさを争って揉めるなど、徹底した遊びの精神が楽しめた。

ドラマ　原作・企画／秋元康　脚本／大根仁他　演出／大根仁　出演／中井貴一、鈴木京香他　プロデューサー／稲田秀樹（テレビ東京）他　制作／テレビ東京、FCC

70 日経スペシャル カンブリア宮殿 ～村上龍の経済トークライブ～

2006年4月17日～現在 木 後11：06（2021～）

村上龍と言えば芥川賞を受賞し、村上春樹とともに「ダブル村上」と称された人気小説家。だが『13歳のハローワーク』をヒットさせるなど経済にも関心を持つ村上龍は、純文学の小説家としては珍しい部類に入る。毎回経営者のゲストに村上と小池栄子が話を聞くスタイルのこの番組でも、最後に「編集後記」として紹介される村上の文章からは文学の香りが漂ってくる。

71 日経スペシャル 未来世紀ジパング ～沸騰現場の経済学～

2011年11月14日～2019年9月18日 水 後10：00（2018～）

『ガイアの夜明け』、『カンブリア宮殿』に続く「日経スペシャル」の第3弾として企画された。池上彰らのナビゲーターが世界の経済事情を紹介し、スタジオのパネラーが意見や感想を述べる。他の「日経スペシャル」よりもわかりやすく、経済を紐解こうとした。経済番組のイメージがないタレントのSHELLYを司会に抜擢したことにも、そうした意図が感じられる。

第7部

テレ東が守る〝昭和感〟

東京オリンピックの年に開局

も入る。

テレ東の持ち味は、なにも「ユルさ」や「素人」だけではない。そこには、「懐かしさ」

テレ東の開局は1964年、昭和39年4月のことである。現在の民放キー局のなかでは最後発だった。しかも最初は、科学教育専門局。娯楽番組の割合は著しく制限されていた。

その開局の年の秋に開催されたのが、東京オリンピックである。そこには単なる〝スポーツの祭典〟以上の意味合いがあった。敗戦から約20年。焼け跡からの復興を合言葉に一丸となった結果、日本は高度経済成長期を迎え、国際社会にも復帰しようとしていた。そのことを内外に示す国家的イベントが東京オリンピックだったのである。

当時はまだ「東京12チャンネル」という名称で、テレ東の社屋は東京タワーの敷地内にあった。1958（昭和33）年に竣工した鉄骨の東京タワーもまた、高度経済成長のシンボルのひとつである。その意味でもテレ東は、戦後昭和期と縁の深いテレビ局であった。そうしたことが、歌番組にせよ、はたまたドラマにせよ、昭和のテレビの雰囲気を残す番組が、いまでも意外に目立つことにつながっているのかもしれない。

ただ他の民放キー局と違い、テレ東は東京ローカルの時代が長かった。ネットワークが整備され始めたのは、1980年代に入ってからである。その遅れは、予算や人員の不足から来るものだった。いまでこそ半分ネタになっているが、それは、娯楽番組不足による視聴率の不振にもつながり、開局直後には経営危機をもたらすほどの深刻なものだった。

いまでもよく話題になる「テレ東だけアニメ」「テレ東だけ映画」も、そんな苦難の歴史が背景にある。なにか大きな事件や出来事が起こったとき、他局はすぐに予定を変更して特別番組を編成し、通常の放送からそちらに切り替える。ただそれには、全国ネットワークや中継設備が整っていなければ難しい場合も多い。だからテレ東だけは、番組表通りに子ども向けアニメや懐かしの映画を放送し続けることになる。

とはいえ、そうした弱みが、そのうち逆に強みになることもある。この後ふれる『独占生中継　隅田川花火大会』や『2時のロードショー』などは、長らくローカル局のままだった歴史のうえに実現し、いまでは他局にないユニークな番組としての地位を確立している。それらもまた、どこか昭和の名残を感じさせるものだ。

それでは以下、テレ東の〝昭和感〟を代表する番組を紹介することにしよう。

72

こちらのほうが昔の紅白に近いかも!?

年忘れにっぽんの歌

1968年12月31日（火）〜現在　大晦日　後4：00（2018〜）

大晦日恒例となった大型歌番組。最近の『NHK紅白歌合戦』では、CGなど最新テクノロジーを駆使した演出やネットで人気の歌手の出場が増えたこともあり、こちらのほうがむしろ、昔ながらの『紅白』に近いと感じてホッとする視聴者もいるだろう。

最初は、『なつかしの歌声』という番組名だった。いわゆる「なつメロ」中心の番組である。だが視聴率的に振るわなくなり、大きくテコ入れ。現役の人気歌手を出演させようとした。だが大晦日の生放送（現在は事前収録）と言うと、当時はTBSの日本レコード大賞とNHKの紅白歌合戦も同様。そこにテレビ東京（東京12チャンネル）が割り込むのは至難の業だった。それでもTBSやNHKとコネクションのあるスタッフらの奔走により、北島三郎や島倉千代子などスター歌手の出演になんとかこぎつけた。

また司会者のキャスティングにも一計を案じた。1960年代に『紅白』の名司会者として全国的な知名度と人気を誇った元NHKアナウンサー・宮田輝を説得し、歌番組の司会に復帰させたのである。そうした努力も実り、視聴率も二ケタを記録。番組の存続も決まった。それから数十年。現在の司会は、徳光和夫、竹下景子、中山秀征が務める。

「なつメロ」と言うと、かつては「リンゴの唄」や「青い山脈」のような戦後間もない頃の流行歌というイメージだった。だが最近は、1980年代のアイドル歌手などもこの番組にしばしば登場するようになっている。当たり前と言えば当たり前だが、「歌は世につれ世は歌につれ」という昭和の歌番組でよく聞いたフレーズを、この番組を見るとふと思い出す。J-POPのアーティストが出演するようになる日も近いのかもしれない。

プレイバック

ド派手なドレスや高そうな着物で歌う光景は、いまやこの番組でしか見られないと言ってもいいかも。その意味でも〝昭和感〟がある。

（音楽）演出／南岡広紀　総合演出／宇賀神敬行　プロデューサー／星俊一、櫻田宣弘、植木栄次、勝田昭　チーフプロデューサー／井関勇人　制作協力／エムファーム、ウィニング・ラン　制作／テレビ東京

73

完成度の高さは「演歌版のMTV」

演歌の花道

1978年10月1日～2000年9月24日 日 後10：00

来宮良子のナレーションなしに、この番組は語れない。独特の低音が心地良い、「浮世舞台の花道は　表もあれば裏もある～」という七五調の名調子で始まるこの番組は、歌番組の歴史に確かな足跡を残してきた。地上波では一度終了したものの、2020年にBSで復活した事実を見ても、根強いファンがいまも少なからず存在することがわかる。

構成はごくシンプル。毎回数人の演歌歌手が登場し、持ち歌を歌う。ただそれだけである。だが一つひとつの歌の世界観を表現するセット、演出、ナレーションは練り上げられたもので、映像としての完成度も高く、かつては「演歌版のMTV」とまで呼ばれた。

番組が始まった1970年代後半、世はカラオケブームを迎えていた。それに合わせ、

「北酒場」など、演歌も歌いやすいカジュアルなものがヒットするようになっていく。しかしこの番組のスタッフは、あえてその流れに逆らい、視聴者がプロの歌をじっくり聴き、その世界に浸ることのできる演出にこだわった。たとえば「雨の慕情」では、八代亜紀が歌詞の世界を彷彿とさせる鄙びた温泉宿のセットで歌う。そうした際、歌手もまた、その世界観を崩さぬよう、ハンドマイクではなくピンマイクを衣装に付けて歌った。

昭和の歌番組は、美術にも力の入ったものが多かった。『夜のヒットスタジオ』（フジテレビ系）や『ザ・ベストテン』（TBSテレビ系）などでも、一曲ごとにセットや照明などが変わり、その面でも視聴者を魅了した。そして歌手のほうも、そうしたスタッフの意気込みに応えて熱唱するのが、見ているこちらにも伝わってくることが多かった。『演歌の花道』は、そんな古き良き歌番組の伝統を引き継ぐ貴重な番組である。

プレイバック

現在、月曜から金曜まで放送している『お昼のソングショー』にもよく演歌歌手が登場する。〝昭和感〟に浸りたいひとにはおすすめ。

（音楽）演出／大島信彦、星俊一他　ナレーター／来宮良子　制作総指揮／大原潤三他　プロデューサー／倉持輝男、宮川幸二　制作／東京12チャンネル→テレビ東京

74

夏の目玉コンテンツは天候との戦い

独占生中継　隅田川花火大会

1978年7月31日〜現在　開催日／後6：30

江戸時代に始まったという「隅田川花火大会」は、交通渋滞と消防法の問題があり、しばらく中止になっていた。それが復活したのが1978年。そしてその独占生中継を任されたのが、東京12チャンネルだった。

司会は『年忘れにっぽんの歌』の項でも述べた宮田輝。また下町の代表として、台東区根岸にある落語家の林家三平（先代）宅からの中継も恒例になっていて、そこからデビューしたての松田聖子が浴衣姿で「青い珊瑚礁」を歌ったこともあった。初年度の視聴率は22・1％。以降、テレ東の夏の目玉コンテンツとなる。

近年で言うと、高橋英樹・真麻父娘のイメージが強くもある。英樹は現在、番組のMC

だ。恰幅の良さもあり、浴衣姿が良く似合う。そして真麻には、伝説となった〝どしゃ降りレポート〟のエピソードがある。

この番組は、天候との戦いでもある。やはり花火が映えるのは、晴天の夜空だ。だが天候をコントロールすることはできない。そして2013年は、あいにくの雨天、しかも強風に雷と大荒れの天気になってしまった。開始30分後に大会の中止が決定となった。

そこで予想外の活躍をしたのが、高橋真麻だった。真麻は、浅草からの中継レポーターとして登場。荒天のなか、傘もささずに全身ずぶ濡れになりながらもハイテンションでレポートを続け、一躍注目を浴びた。彼女はこの数か月前まで、フジテレビの局アナ。「女子アナ」のイメージを覆す頑張りぶりに、世間は拍手を送ったのだった。やはりテレビにおいてハプニングの魅力に勝るものはない、という確かな実例でもあるだろう。

プレイバック

2020年以来のコロナ禍で、隅田川花火大会は2020年、2021年と2年連続で中止に。まずは大会の復活が、待ち望まれるところだ。

（特集）演出／杠政寛、岩下裕一郎　司会／高橋英樹、角谷暁子（テレビ東京アナウンサー）
出演／高橋真麻、東貴博（Take2）他　プロデューサー／小平英希、水野亮太、内田久善（CP）
制作／テレビ東京

75

柴犬のマスコット・豆助が人気に！

和風総本家

2008年4月14日〜2020年3月19日　木　後9：00（2009〜）

系列局であるテレビ大阪が制作していたクイズバラエティ番組。スタートから10年以上にわたり、テレ東の局アナである増田和也が司会を務めていた。増田は競馬などスポーツ実況の担当がメインだったが、この番組ではレギュラー解答者の地井武男、萬田久子、東貴博（Take2）に冷静にツッコんでみせるなどバラエティ向きの一面を見せていた。

毎回、和食や職人技などをテーマに、伝統的な日本文化がVTRで紹介され、それにまつわるクイズが出題される。ただ、正解数を競ったりするのではなく、正解を知って解答者全員で日本文化の奥深さに感心するというパターンが多かった。サービス問題というのもあまりなく、全員不正解という場合もそれなりにあった。

実際に東京・築地にある老舗料亭で収録、アニメ『サザエさん』のフネ役で知られる麻生美代子がナレーションを担当していたことなどからも、番組の狙いは、いまやノスタルジーの対象になった「昭和」に浸ることだったと言えるだろう。司会者と解答者の掛け合いで盛り上がる場面もあったが、昨今の他のクイズバラエティ番組と比べれば、はるかに慎ましやかだった。

忘れてはいけないのが、番組のマスコットとして高い人気を誇った柴犬の豆助。代替わりを続け、23代も続いた。こちらも昭和感漂う唐草模様の風呂敷を首に巻いて、ゴロンと寝そべったり、ちょこちょこ走ったりする姿にはファンも多く、代々の豆助のフォトブックも出版されたほどだった。番組の最終回では、歴代の豆助のその後として子犬時代と現在の姿が紹介され、視聴者を喜ばせた。

プレイバック

この番組では、VTRが流れているときに出演者のワイプ（顔が映る小窓）がなかった。それがまた落ち着いて見られる一因でもあった。

クイズ　企画／岩谷哲幸　演出／内山慶祐　司会進行／増田和也（テレビ東京アナウンサー）　出演／萬田久子、東貴博（Take2）、鈴木福他　ナレーター／麻生美代子、島本須美　チーフプロデューサー／金岡英司　プロデューサー／三好直　制作／テレビ大阪　賞歴／ギャラクシー賞テレビ部門奨励賞（2015）

76

昭和感と現代的アップデートが人気の秘密

三匹のおっさん

～正義の味方、見参!!～

２０１４年１月17日～３月14日　金　後7：58

このタイトルを見てピンと来たひとは、それなりの年齢だろう。１９６０年代にフジテレビの『三匹の侍』という人気ドラマがあった。丹波哲郎、平幹二朗、長門勇扮する浪人たちが、庶民を苦しめる悪と戦う痛快時代劇である。この『三匹のおっさん』は、時代劇のイメージが強い北大路欣也が主演ということもあって、それを思い起こさせる。

還暦を迎えた清田清一（北大路欣也）、立花重雄（泉谷しげる）、有村則夫（志賀廣太郎）という幼なじみ3人組が、夜回り自警団を結成。毎回ご近所に起こるさまざまな事件の謎を解き、最後は颯爽と犯人を成敗する。北大路は剣道、泉谷は柔道、志賀は機械通でスタンガンの使い手（必殺技を「則夫エレクトリカルパレード」と呼んだ）といったように、それぞれ得意技がある。出てくる事件も、放火事件のようなものから、いかにも現代的なオレオレ詐欺、悪徳商法までバラエティに富んでいた。

メイン3人の好演に加え、脇を固める俳優たちの安定した演技、さらに清田家の嫁姑問題や孫世代の恋愛も絡むなど、昔懐かしいホームドラマのエッセンスも上手に盛り込まれていた。視聴率も好調で、第1シリーズの最終話の平均視聴率は12・6%。これは平成以降テレ東が放送したプライムタイムの現代劇としては史上最高の数字だった。この成果を受けて第3シリーズまで作られたが、2020年に志賀が亡くなってしまったことがなんとも惜しまれる。

ほどよいノスタルジーを漂わせる〝昭和感〟に、設定や題材のアップデート。その組み合わせが成功の方程式であることを教えてくれる作品である。

プレイバック

北大路欣也は、『記憶捜査』シリーズでも昔の新宿の詳細な記憶をもとに事件を解決する刑事で主演。テレ東の〝昭和感〟を担っている。

（ドラマ）原作／有川浩　脚本／佐藤久美子　監督／猪原達三、白川士他　出演／北大路欣也、泉谷しげる、志賀廣太郎他　チーフプロデューサー／岡部紳二（テレビ東京）　プロデューサー／山鹿達也、阿部真士（ともにテレビ東京）他　制作／テレビ東京、ホリプロ　賞歴／ATP賞ドラマ部門奨励賞（2014）

コラム

なぜ、テレ東が花火大会を中継できたのか？

テレ東（東京12チャンネル）は、ローカル局であるがゆえに優良コンテンツをみすみす他局の手に渡してしまったこともある。

たとえば、最初に箱根駅伝中継を行ったのは、東京12チャンネルだった。当時、山を走る5区と6区の中継技術が確立されておらず、どのテレビ局もあきらめていた。ところが1978年、読売新聞からの打診があり、東京12チャンネルは中継を引き受けることになった。そして1981年には、VTRながら5区と6区の放送に成功。やがて視聴率も2ケタを記録するようになる。しかし1987年、日本テレビに中継権が移ってしまった。理由は、テレ東だと使える電波の数が少なく、結局、全編生中継は無理だったからだ。

だが一方で、ローカル局であるがゆえに獲得できたコンテンツもあった。別項でもふれた隅田川花火大会の中継である。隅田川の花火大会が、1978年に17年ぶりに復活した。実はその裏で東京都や台東区との交渉や浅草、両国といった地元との打ち合わせに当たっていたのが、東京12チャンネルの営業局であった。そんな東京ローカルならではの密な関係があったからこそ、独占生中継の権利は東京12チャンネルの手に渡ったのである。

77

「テレ東だけ映画！」の深い事情

午後のロードショー

1996年4月1日～現在　平日　後1：40（2021～）

1982年、テレビ東京初の系列局であるテレビ大阪が開局し、ようやくネットワーク整備が本格化し始めた頃、『2時のロードショー』が始まった。月曜から金曜の平日、毎日午後2時から90分間。「ロードショー」のタイトル通り、基本的には洋画がラインナップされる。いまもそうだが、午後の浅い時間帯は、昔から他の民放では生放送のワイドショーを放送している。だから、大きなニュースがその時間に入ってきたとき、他局はすぐにそちらを伝えられるが、テレ東は、イントロ（P126）でも述べたような諸事情でそうはいかない。そこで「テレ東だけ映画」となるわけである。しかも、『コウモリ人間』『フェイズⅣ 戦慄！昆虫パニック』といったいわゆる〝B級映画〟の放送も多く、余計に「テレ東だけ」感が強調された。

とはいえ、『シネマタウン』を経て1990年代後半に『午後のロードショー』に衣替えしてからは、「ヒッチコック特集」や「クリント・イーストウッド特集」のような企画を頻繁に組むなど、名画座的役割を担うようになってもいる。その一方で、スティーブン・セガールの主演映画が繰り返し放送されるなど、B級映画路線をしっかり守ってくれているところがまたなんとも嬉しい。

映画　プロデューサー／岡本英一郎、佐藤まりな　日本語版制作／東北新社、ブロードメディア、グロービジョン他

78

テレビショッピングの先駆け

レディス4

1983年5月2日～2012年9月28日　平日　後4：00

かつてデパートは、庶民にとっての憧れの場所だった。たまの贅沢な買い物や食事をする場所であり、高級品と言えばデパートに売っているもののことだった。

デパートの老舗である三越の一社提供によるこの番組は、基本は生活情報番組だが、途中に三越が厳選した商品を紹介するテレビショッピングのコーナーがあった。洋服やアクセサリーなども高級品が多く、なかには数十万円もするような商品があった。その点では、安さを強調する現在の通販番組とは違っているが、テレビショッピングというスタイルを定着させたという意味では、先駆け的な番組であった。

初代司会は、ラジオの『オールナイトニッポン』のパーソナリティとしても知られたタレントの高崎一郎。その甘い声と落ち着いた上品な物腰は、奥様層の人気を博した。番組は毎回、海外生活の経験があって英語も堪能な高崎の「Good afternoon ladies. This is your program, "Lady's Four".」という流暢なタイトルコールから始まる。ある意味、平和で豊かになった戦後を象徴する番組だったのかもしれない。

（生活情報）企画／岡田茂　演出／青山海太（総合演出・2012～）　総合司会／高崎一郎　、柴俊夫、大島さと子他　プロデューサー／中居義孝（CP）、ローリ・バーバラ　制作／テレビ東京　賞歴／ATP賞長寿番組賞（2007）

79

ドラマ版では西田敏行がスーさん役

釣りバカ日誌~新入社員 浜崎伝助~

2015年10月23日~12月11日 金 後8:00

映画の『釣りバカ日誌』は、渥美清の「寅さんシリーズ」を受け継いだ松竹の人気シリーズである。1988年の第1作以来、計22作が公開された。主演は西田敏行と三國連太郎。釣り好きのサラリーマン、ハマちゃん（西田）と、ハマちゃんが勤める建設会社社長のスーさん（三國）のコンビが繰り広げる人情コメディである。このドラマ版も、金曜夜8時台という激戦区にもかかわらず視聴率好調で、シリーズ化もされた。

成功の最大の理由は、キャスティングの妙だろう。コメディ演技も達者な濱田岳のハマちゃんは適役であるとともに、ドラマ版では西田敏行がスーさん役なのも、映画時代から知るファンには嬉しい趣向だ。ハマちゃんと結婚するみち子役の広瀬アリスも良い。

また、「こんな会社があったら働きたい」という気持ちになるところも肝だ。サラリーマンなのに、好きな釣り三昧。しかも社長と仲良くなり、釣りで会社に貢献してしまったりもする。現実にはあり得ないとわかっていても、羨ましい。その点、ほのぼの感はないが、植木等の往年の「無責任男シリーズ」にちょっと通じるところがなくもない。

（ドラマ）原作／やまさき十三、北見けんいち　脚本／佐藤久美子他　監督／朝原雄三他　出演／濱田岳、広瀬アリス、西田敏行他　チーフプロデューサー／岡部紳二（テレビ東京）　プロデューサー／浅野太（テレビ東京）他　制作／テレビ東京、松竹　賞暦／日本民間放送連盟賞テレビドラマ部門優秀賞（2016）、東京ドラマアウォード優秀賞（2016）

80

警視庁ゼロ係 ～生活安全課なんでも相談室～

2016年1月15日～2月26日 金 後8：00

小泉孝太郎は、夕方の情報番組『よじごじDays』金曜日のMCも担当。そのせいもあってか、テレ東色を感じさせる俳優のひとりである。

彼が主演を務めるこの刑事ドラマも、金曜夜8時台という激戦区のなかで健闘し、いまやテレ東の看板ドラマのひとつになった。テレ東の連続ドラマの歴史のなかで、シーズン5まで作られたのは、本作が初めてである。

小泉演じる小早川冬彦は東大卒のキャリア警視で鋭い推理力の持ち主だが、空気が読めないのが玉に瑕《きず》。彼と松下由樹演じる叩き上げの刑事・寺田寅三の凸凹コンビがメインで、本格的な推理物としても楽しめるが、全体に脱力系なところが意外とクセになる。

冬彦は、警察署の屋上でイチゴやスイカなど赤い食べ物を勝手に栽培したりするなど、自由気まま。そんな冬彦に業を煮やした寅三は、時々我慢ができなくなり「イチゴ野郎」とタメ口で突っかかる。片岡鶴太郎や安達祐実など脇役陣も個性的で、良質の娯楽作だ。

ドラマ 原作・富樫倫太郎　脚本／吉本昌弘他　監督／倉貫健二郎他　出演／小泉孝太郎、松下由樹他　プロデューサー／松本拓（テレビ東京）他　制作／テレビ東京

第8部

テレ東と言えばアニメと、キッズ

アニメは救いの神

テレ東はいつだって子どもの味方だった。ある意味、一般総合局ではなく科学教育専門局として開局した時点から、そう運命づけられていたのかもしれない。

たとえば、かつて『ヨーイドン！みんな走ろう』（1975年放送開始）という人気番組があった。5分程度の長さの帯番組で、毎日6人の子どもたちが短距離競争をする様子が流れる。ただそれだけの内容である。しかし、子どもたちが走るのは国立競技場の本格的なコース。記録もちゃんと計測して順位を出し、参加者全員にメダルを送った。現在の『おはスタ』に通じるキッズ向け番組の道は、こうして早くから整えられていたのである。

そんな歴史を持つテレ東は、放送するアニメの多さでも際立っている。いまでも、たとえば日曜の朝などは、アニメがずらりと並ぶ。そのなかから人気アニメも多く生まれ、『ポケットモンスター』や『妖怪ウォッチ』などブームを巻き起こす作品も登場した。

ブーム的人気となったアニメと言えば、『新世紀エヴァンゲリオン』も外すわけにはいかない。いまや国民的アニメと言ってもよい「エヴァ」だが、当初は一部のアニメファンのあいだで話題になった程度だった。ところが、深夜の再放送で一気に火が付き、その謎めいた世界観を解読するマニアが激増するなど、社会現象となった。また「エヴァ」は、作品そのものの人気だけでなく、深夜アニメへの注目度を高め、大人がアニメを見る習慣を定着させるうえでも、歴史的な役割を果たしたと言える。

ゲーム番組も、テレ東が長年にわたって作り続けてきたもののひとつだ。ちょっと前だと、バラエティ色が強い内容ではあったが、『大竹まことのただいま!PCランド』（1989年放送開始）などがあった。現在も、中川翔子らがゲストとポケモンを対戦して楽しむ『ポケモンの家あつまる?』（2015年放送開始）が、そうした伝統を受け継いでいる。

少し「大人の事情」的な話をすると、アニメやゲームには、コンテンツビジネスとしての旨味がある。アニメとゲームソフトを連動させれば、相乗効果も大きいし、関連グッズの売り上げも期待できる。テレビ局としても、テレ東で言えば『キャプテン翼』（1983年放送開始）がそうだったように、実写ドラマに比べて海外の人気も得やすく、輸出できるメリットがある。あのメッシが『キャプテン翼』の大ファンだったという話は、知る人ぞ知るところだろう。特にネットワーク整備の遅れたテレ東にとって、多彩なビジネス展開が可能なアニメは救いの神的な存在だったのだ。

81

テレビ版はサトシの成長ストーリーが軸に

ポケットモンスター

1997年4月1日〜現在 金 後6：55

言わずと知れた人気ゲームソフト『ポケットモンスター』。そのアニメ版である。ゲームのほうは、ロールプレイングゲームではあるが、対戦とポケモンの収集を楽しむのがメイン。それほどきっちりした物語があるわけではない。

一方このアニメ版では、「ポケモンマスター」を目指す少年・サトシ（この名前は、このゲームの生みの親である田尻智から付けられている）の成長ストーリーが物語の軸になっている。そこに、サトシの相棒役になるピカチュウ、さらに他のポケモンが絡み、サトシと同じく「ポケモンマスター」を目指す少年少女たちのあいだで、「ポケモンバトル」が繰り広げられていく。

ゲームのほうも息が長いが、それとの相乗効果もあって、アニメ版も息が長い。1997年に始まり、現在も放送が続いている。夏休みの劇場版公開も恒例になっている。また、世界各国で放送されているのも、アニメならではの広がりだろう。さらにサトシの声を演じる声優・松本梨香が歌った主題歌「めざせポケモンマスター」(1997年発売)が大ヒットを記録したことも、よく知られている。

ただ、そのなかで、「ポケモンショック」と呼ばれる事件もあった。1997年12月16日の放送を見た視聴者の一部が光過敏性発作などを起こし、600人以上が病院に搬送されたのである。原因は、この日の回で光が点滅する演出が頻繁に用いられたことにあるとされた。このことを受けて、番組は4か月間休止する措置が取られた。「部屋を明るくして離れて見てね」などのテロップが出るようになったのは、この事件がきっかけである。

プレイバック

ほかにも『パズドラ』や『デュエル・マスターズ キング!』など、ゲームを題材にしたアニメは、いまやテレ東の独壇場の感がある。

(アニメ) 原案/田尻智、増田順一他　総監督/湯山邦彦、冨安大貴　監督/日高政光、須藤典彦他　出演(声)/松本梨香、大谷育江他　制作/テレビ東京、MEDIANET、ShoPro

82

異彩放つ朝のキッズ向け番組

おはスタ

1997年10月1日〜現在　平日　前7：05

「やまちゃん」こと山寺宏一の「おーはー」を記憶している〝元・子ども〟の大人たちもきっと多いだろう（後にSMAPの香取慎吾が「おっはー」を流行らせたが、元祖はこちらである）。朝の時間帯は、他のテレビ局だと軒並み情報番組やワイドショーが放送されているが、そのなかにあってこの『おはスタ』は異彩を放ち続けてきた。

テレ東における朝のキッズ向け番組の歴史は、結構古い。たとえば、まだ東京12チャンネルだった1979年に始まった『おはようスタジオ』がある。タレントの「志賀ちゃん」こと志賀正浩が司会で、いつも東京タワーをバックに始まっていたオープニングが懐かしい。この時からすでに、朝の時間帯のテレ東は、キッズ向け番組で他局とは一線を引く独自路線を邁進していた。結局『おはようスタジオ』は1986年に終了したが、これを引き継いだのが、現在の『おはスタ』である。

内容は日替わりで、アニメや漫画、ゲームに関連したコーナーがやはり多い。視聴者の子どもたちと電話やネットでつなぐ視聴者参加的な企画もある。いずれにしても、学校などに行く前の朝の元気を子どもたちに提供するというコンセプトは変わらない。

その意味では、たとえ朝の準備に忙しく画面を見られなくても、「声」で元気さを表現できる声優は、司会として適役だ。日替わりレギュラーにはお笑い芸人も目立つが、初代の山寺宏一から始まって花江夏樹、現在の木村昴とメインMCには声優が続く。声優が市民権を得るきっかけになった番組という側面もあるだろう。また、番組アシスタントの「おはガール」から、ベッキー、蒼井優、松岡茉優などを輩出しているのも見逃せない。

プレイバック

独自路線を貫く『おはスタ』も、報道特番で休止になったことがある。2017年8月に起こった北朝鮮によるミサイル発射関連だった。

(子ども) 企画／久保雅一（小学館） 総合演出／小紫弘三 出演／山寺宏一（～2016）、木村昴、アイクぬわら（超新塾）、おはガール他 プロデューサー／伊達恵介、田中秀樹他 制作／テレビ東京、小学館集英社プロダクション、PROTX

83

テレ東アニメの代表作

銀魂

2006年4月4日〜2010年3月25日 木 後6：00（第1期）

第4期まで制作され、3度も映画化されるなど、名実ともにテレ東のアニメ史を代表する作品である。原作は『少年ジャンプ』に連載されていた空知英秋による同名漫画。「天人（あまんど）」という宇宙人の襲来を受けた江戸時代末期というSF的な世界が物語の舞台。そこに万事屋を営む主人公・坂田銀時をはじめ、土方歳三ならぬ「土方十四郎」や桂小五郎ならぬ「桂小太郎」など幕府方の人物や志士が多数登場し、入り乱れる。

元々秀逸なギャグ漫画ではあるが、オリジナルの要素も加えたアニメではその面白さがさらに増幅されてもいた。パロディ、下ネタ、さらに時事ネタやアニメ業界ネタ、楽屋オチまで「なんでもあり」の精神で笑えることを貪欲に追求した、いわば笑いのストロングスタイル。タイトルからしてそうだが、ふざけることに命を懸けていることが伝わる過激さは、放送時間が夕方でも深夜でもまったく変わることはなかった。またその一方で、銀時ら登場人物たちの友情や葛藤、切なく悲しい運命などをまったくギャグなしで描いたシリアスパートの回もちゃんとあって、自在な作風で大いに楽しませてくれた。

声優の力量というものをまざまざと実感できるアニメでもあった。キャストも豪華なのだが、たとえば銀時を演じる杉田智和、その仲間である志村新八役の阪口大助、神楽役の釘宮理恵という万事屋の3人が毎回繰り広げる、トリオ漫才のようなボケとツッコミの掛け合いは、プロの芸人とも遜色ないクオリティの高いものだったと思う。

アニメは、とにかく自由であっていい。そんなアニメ哲学を具現化した作品として、長くファンの記憶に残る作品に違いない。

プレイバック

個人的に好きなのは、あまりに地味すぎる風貌と性格ゆえに、存在感のまったくない真選組・山崎退。魅力的なキャラクターは多い。

（アニメ）原作／空知英秋　監督／高松信司、藤田陽一　シリーズ構成／大和屋暁　出演（声）／杉田智和、阪口大助、釘宮理恵他　アニメーション制作／サンライズ　制作／テレビ東京、電通、サンライズ

84

ピラメキーノ

純粋に笑いを追求した子ども番組

2009年4月6日〜2015年9月30日（ピラメキーノ640）平日　後6：30他

夕方の帯で放送していた子ども向け番組。同期の若手お笑いコンビで、当時売れっ子だったはんにゃ（「ズグダンズンブングンゲーム」が懐かしい）とフルーツポンチがレギュラーだった。それもあって、勢いとパワーの感じられる番組であった。

はんにゃ・金田哲の動きのキレの良さを活かした番組オリジナルの「ピラメキたいそう」や視聴者チームと対戦する「ドッジボールワンターゲット」など、いかにも子ども向けのコーナーや企画は当然多かった。また、「ねるとん」の子ども版と言える「子役恋物語」のコーナーも話題になった。

その一方で、より純粋に笑いを追求するバラエティ志向も強かったのが、この番組の特徴である。だから子ども番組としてはひねった企画も結構あった。

たとえば、ダルさんという外国人が登場する「だるだるイングリッシュ」。「No way」「Who cares?」など、面倒くさいときに使う表現をダルさんが、片手にアイスクリームなどを持ちながら、いかにもダルそうに教えてくれる。英会話コーナーもキッズ番組の定番だが、ありがちな真面目で明るいものではなく、そうしたものの真逆をいくパロディのような内容だった。

また、パンサーや渡辺直美、ニッチェなど、レギュラーの2組以外にも当時の若手芸人が、さまざまなコーナーを受け持っていた。このあたり、他局だが『めちゃイケ』的な雰囲気もあった。その意味では、子ども向け番組とバラエティ番組の手法を果敢に融合させようという意図も感じられる。いまあまり振り返られることはないが、その点再評価すべき番組なのかもしれない。

プレイバック

はんにゃの金田哲の身体能力の高さには目を見張るものがあった。小島よしおなどもそうだが、子どもウケするには運動神経が有効だ。

（子ども）構成／酒井健作他　総合演出／太田勇　出演／はんにゃ（川島章良・金田哲）、フルーツポンチ（村上健志・亘健太郎）他　プロデューサー／田中裕樹、松生藍、加茂忠夫　制作／テレビ東京

85

昭和の名作漫画がアナーキーな作風でよみがえる

おそ松さん

2015年10月6日～2016年3月29日 火 前1：35（第1期）

赤塚不二夫と言えば、ギャグ漫画の大家。『天才バカボン』や『もーれつア太郎』と並ぶ代表作が、六つ子を主人公にした『おそ松くん』である。

とはいえ、発表されたのは1960年代で、まだ昭和の高度経済成長期のこと。それを現代によみがえらせたのが、このアニメである。『おそ松くん』は、顔の区別がすぐにはつかない六つ子が主人公という大胆な設定で、脇役ながらイヤミやチビ太、デカパンなどの強烈なキャラクターが躍動するという、いま見てもとんがった作品だが、時代的には日本が豊かになった頃というのもあって、どこかまだ平和な雰囲気でもあった。

しかし、平成の『おそ松さん』は、もっと殺伐としている。六つ子たちは時を経て大人になったが、誰一人として定職についていない。要するに全員ニート。だがだからと言って、誰も焦ってはいない。時々気が向けば働いてみることもあるが、競馬に現を抜かすなど、「ニート万歳！」とばかりに皆、気ままな生活を楽しんでいる。

そんな設定だけでなく、作風もアナーキーだった。原作のスラップスティックの要素を引き継いだドタバタコメディ的な場面はもちろん、全員が「うんこ」姿に生まれ変わるという回あり、『進撃の巨人』など人気漫画の壮大なパロディあり、ブラック企業を鋭く描いた社会風刺ありと、毎回予測不能のカオスな展開で楽しませてくれた。

また、櫻井孝宏など当代きっての人気声優が声を担当したことも相まって、六つ子たちがアイドル的人気を博したのも凄かった。そのこととも関連して、このアニメをもとにした二次創作が盛んになったことも忘れがたい。

プレイバック

2021年に実写映画化が発表。主演はジャニーズのSnow Manで、かつてSMAPがコント「音松くん」で六つ子に扮したのを思い出す。

（アニメ）原作／赤塚不二夫『おそ松くん』　監督／藤田陽一　シリーズ構成・脚本／松原秀　脚本／横手美智子、岡田幸生　出演（声）／櫻井孝宏、中村悠一、神谷浩史、福山潤、小野大輔、入野自由他　キャラクターデザイン／浅野直之他　アニメーション制作／studio ぴえろ　制作／テレビ東京、「おそ松さん」製作委員会　賞歴／ギャラクシー賞テレビ部門奨励賞（2015）

86

妖怪ウォッチ

大人も惹きつけたパロディネタ

2014年1月8日~2018年3月30日（初代シリーズ）金 後6:25

ゲームソフトの『妖怪ウォッチ』シリーズを原作としたアニメ化というところが、比較的珍しい。その点、漫画原作と違って自由度も高かったからか、アニメも単純な子ども向けのものにはならなかった。

小学生のケータが主人公。ケータは、妖怪ウィスパーから手に入れた妖怪ウォッチを使い、友だちになったジバニャンらの妖怪たちとともに、妖怪の仕業とされるさまざまな問題を解決していく。

これが基本のストーリーだが、アニメはかなりギャグ寄りの作りになっていた。しかも子どもよりは大人向けと思しきパロディネタも多く、その元ネタもアニメ『マジンガーZ』

や漫画『ブラック・ジャック』、刑事ドラマ『太陽にほえろ!』など、相当の年齢（40代以上?）でなければわからないパターンがたくさんあった。そのあたり、同じテレ東のアニメで言うと、『銀魂』に近いノリもある。

そうした大人も惹きつけるような魅力もあってか、時ならぬ『妖怪ウォッチ』ブームが巻き起こったことは記憶に新しい。なかでもオープニングテーマで流れた「ゲラゲラポーのうた」（2014年発売）が大ヒット。オリコン週間シングルチャートでも4位を記録した。歌ったのは、この曲のために結成されたユニットである男女3人組のキング・クリームソーダ。曲調はロック、ラップ、民謡がミックスされた独特の、これもまた一見子ども向けとはほど遠い感じのものだが、「ゲラゲラポー」というフレーズのクセになる感じと振り付けの楽しさで、見事にヒット。余勢を駆って同年の『NHK紅白歌合戦』にも出演した。

プレイバック

ラッキィ池田が振り付けし、Dream5が歌った「ようかい体操第一」もブームに。こちらも『紅白』で歌われ、嵐らとの共演があった。

（アニメ）原作／レベルファイブ　原案／日野晃博　監督／ウシロシンジ　シリーズ構成／加藤陽一　出演（声）／戸松遥、遠藤綾、関智一他　アニメーション制作／OLM TEAM INOUE　制作／テレビ東京、電通、OLM

コラム

エヴァ現象を振り返る

２０２１年公開の『シン・エヴァンゲリオン劇場版』が興行収入１００億円を突破。これが『ヱヴァンゲリヲン新劇場版』４部作の最終作となるが、まだまだ「エヴァ」ファンの熱気は冷めやらずといったところだ。

その原点となったアニメ版『新世紀エヴァンゲリオン』が放送されたのは、１９９５年10月から１９９６年3月にかけてのこと。およそ25年前のことである。

１９９５年という年は、戦後史を振り返っても節目になる年だ。阪神・淡路大震災や地下鉄サリン事件が発生し、私たちの日常が根底から脅かされた。それは、「不安の時代」の始まりだったともとれる。一方で、Windows95が発売されてお祭り騒ぎになったのもこの年だ。現在に至るインターネット時代の本格的な幕開けの年と言えるだろう。

『新世紀エヴァンゲリオン』の主人公である14歳の碇シンジのこころの揺らぎには、そうした時代の転換点がもたらす不安定さを反映した面もあるのかもしれない。そしてその揺らぎは、生みの親である庵野秀明のものでもあった。あれから四半世紀が過ぎ、いま私たちはどこに立っているのだろうか？

87

けものフレンズ

少女姿の動物たちとの冒険の旅

2017年1月11日〜3月29日 水 前1：35

擬人化というのは、萌え文化に欠かせない手法だ。この『けものフレンズ』も、そうした作品のひとつ。サーバル、フェネック、アライグマなど、擬人化された少女姿の動物たちが暮らす「ジャパリパーク」（サファリパークの一種）が舞台。そこに迷子になった動物が現れる。名前もなにも覚えていないその動物（実はヒト）は「かばん」と名付けられ、他の動物たちとともに生活するようになる。

ジャパリパークに暮らす動物たちは、互いを「フレンズ」と呼ぶ。現実の動物の世界には弱肉強食というイメージがあるが、この作品の世界では、動物同士助け合い、互いに友好的で誰も排除されたりすることはない。だから「フレンズ」というわけである。

その平和な世界観が人気を呼び、主題歌「ようこそジャパリパークへ」もヒットした。しかし、謎めいた部分も多く、たとえばエンディングに廃墟となった海外の遊園地が映るといった意味深なところもあり、実は人類の絶滅後の世界を描いたのではないかなど、考察欲を刺激する面もあった。その点、思った以上に奥行きを感じさせる作品でもある。

（アニメ）原作／けものフレンズプロジェクト　総監督／吉崎観音（コンセプトデザイン）　監督／たつき　シリーズ構成・脚本／田辺茂範　出演（声）／内田彩、尾崎由香、本宮佳奈他　キャラクターデザイン／irodori　アニメーション制作／ヤオヨロズ　制作／けものフレンズプロジェクトA（KFPA）

88

人間とモルカーが共存する世界

PUI PUI モルカー

2021年1月5日～3月23日 火 前7：30

モルモットが車になった「モルカー」が、人間と共存する世界。そこで起こる交通渋滞や銀行強盗事件など、さまざまな出来事がパペットアニメの手法で描かれる。監督は、新進気鋭のクリエイター・見里朝希。『きんだーてれび』という番組のなかの実質3分程度の短いアニメだが、放送が始まると口コミ中心に広まり、熱烈なファンを生んだ。

とにかくまず、作品の世界観に魅了される。モルカーは車ではあるが、それぞれの意思を持つ。当然、性格もそれぞれ違う。だからいがみ合い、さらに人間とトラブルになることもある。その描かれかたには、いつもちょっとした毒がある。しかし、ストップモーションの手法（人形の位置をちょっとずつ移動させながら、1秒ごとに24枚の写真を撮影してアニメ化する）で製作されたという映像は、モルカーの可愛らしいフォルムとデザイン、効果音も相まって、常にどこかユーモラスで優しい。

そのようにリアルさとファンタジー色が絶妙に融合した空気感が、子どものみならず大人の視聴者も惹きつけた最大の理由だろう。

（アニメ）原案／見里朝希、シンエイ動画、ジャパングリーンハーツ　企画／梅澤道彦、秋吉顕　監督・脚本／見里朝希　アニメーション制作／シンエイ動画×ジャパングリーンハーツ　制作／モルカーズ

89 ヒカルの碁

2001年10月10日〜2003年3月26日 水 後7：27

小学生・進藤ヒカルに平安時代の天才棋士・藤原佐為の霊が乗り移り、ヒカルは「神の一手」を追い求めながら、プロの囲碁棋士を目指す。

設定としては一見オカルト風だが、本質的には少年が囲碁を通じて成長し、自立する物語である。囲碁界のサラブレッドである塔谷アキラというライバルの存在も、定番ながら物語を盛り上げる。アニメ版は、佐為と別れ、棋士として独り立ちしたヒカルが、アキラとの激闘を繰り広げる場面で終わる。

同名原作漫画も大ヒットし、子どもたちのあいだに囲碁ブームを巻き起こしたことでも知られる。このアニメ版でも、「梅沢由香里のGOGO囲碁」という人気の女流棋士による囲碁を学ぶミニコーナーがあり、初心者でも囲碁を覚えられるよう配慮されていた。

また物語自体に、ネット対戦という当時の新しい囲碁文化が上手く取り込まれていたことも、子どもたちに囲碁ブームを生んだ背景としてあっただろう。

アニメ 原作／ほったゆみ、小畑健　監督／西澤晋他　出演（声）／川上とも子、千葉進歩他　アニメーション制作／ぴえろ　制作／テレビ東京、電通、ぴえろ

90 ケロロ軍曹

2004年4月3日〜2011年4月2日 土 前10：00

『月刊少年エース』連載の同名漫画が原作。第7シーズンまで制作されるなど根強い人気を誇った。

内容としては、ギャグアニメ。ケロン星から地球侵略のために派遣されてきたはずのケロロ軍曹（「〜であります」という語尾が特徴）が、捕らわれて日向家という一家に居候するところから始まる。それでもケロロは侵略活動を遂行しようとするのだが、よく失敗して日向家の長女・夏美からお仕置きを受けてしまう。

ギャグはお約束的なものからブラックジョークまでなんでもありだったが、とりわけパロディの面白さが子ども以外にもウケた。ジブリアニメなどもその対象になったが、特に『新世紀エヴァンゲリオン』が頻繁にパロディ化されたため、エヴァファンの注目を浴びることになった。また、サンライズが制作に加わっていることもあって、ガンプラも作中に登場する。

『銀魂』なども同様だが、とにかく自由という点で、テレ東アニメを代表する作品のひとつである。

アニメ 原作／吉崎観音　総監督／佐藤順一　出演（声）／渡辺久美子、川上とも子他　アニメーション制作／サンライズ　制作／テレビ東京、NAS、サンライズ

91 シナぷしゅ

2020年4月6日〜現在 月〜金 後5:30

いうまでもないかもしれないが、タイトルは、脳の神経細胞と神経細胞をつなぐ「シナプス」から名付けたもの。このことからもわかるように、この番組は東大赤ちゃんラボの監修というアカデミックなバックボーンに基づいている。想定している視聴者層が0〜2歳の赤ちゃんというのも、ある意味実験的である。

とはいえ、親の世代も楽しめるように工夫されているのが、端々から伝わってくる。番組オリジナルの歌やダンス、英語を楽しく覚えるコーナー、それに料理コーナーなど、大人が見ても楽しめる。進行役のMCがいないシンプルな構成も、こうした番組としては落ち着いた感じで、逆に新鮮だ。

プロデューサーには、テレ東アナウンサー松丸友紀が名を連ねる。番組内に登場する「シナぷしゅダンス」の振り付けも、松丸アナの考案。深夜の『ゴッドタン』での彼女の弾けっぷりを知る視聴者にとっては、こんな一面もあったのかといい意味での驚きがある。

子ども 構成/たむらようこ他 監修/開一夫(東京大学赤ちゃんラボ) プロデューサー/飯田佳奈子(コンテンツ統括P)、松丸友紀他 制作/テレビ東京

92 テニスの王子様

2001年10月10日〜2005年3月30日 水 後7:00

錦織圭も愛読者だったという『週刊少年ジャンプ』の同名漫画が原作。「テニプリ」の愛称でおなじみだ。

アメリカ帰りの少年・越前リョーマがテニスの名門「青春学園中等部」に入学し、仲間やライバルと切磋琢磨しながら成長を遂げる。一回受けただけで腕を痛めてしまうほど強烈な「波動球」など、数々の必殺技も必見。いまや2・5次元の舞台でも大人気だ。

93 NARUTO-ナルト-

2002年10月3日〜2007年2月8日 木 後7:30

こちらも『週刊少年ジャンプ』連載で人気の同名漫画が原作。最初は落ちこぼれだった少年忍者・うずまきナルトが厳しい修行の末に一人前になっていく。

基本的には忍者バトルものだが、世界観としては独特で、超能力を駆使する魔術的な要素もあれば、蒸気機関など機械文明も存在する。キャラクターの魅力と併せ、そのあたりの魅力も長寿となった秘訣だろう。

第9部

テレ東最大の武器、企画力

企画力こそ、驚きと快感の源

テレビ番組にとって一番大事なものはなんだろうか？　答えはひとつではないに違いない。タレント、芸人、俳優など出演者という答えもあるだろうし、「総合演出」と呼ばれるポジションがあるようにディレクターによる演出という答えもあるだろう。ドラマなら、まず脚本が大切という答えもあるかもしれない。

そのリストにもうひとつぜひ加えたいのが、企画である。そもそものアイデア、番組の種とでも言ったらよいだろうか。視聴者からすれば、番組を見ていて「その発想はなかった」「そう来るか」という驚きと快感の源になるのが、企画である。

極論を言えば、テレ東は、企画力で今日までを生き抜いてきたテレビ局だ。その企画力は、1964年4月12日、つまり開局の日からすでに発揮されていた。

別項でも書いたように、テレビ東京（東京12チャンネル）は、科学教育専門局として出発した。したがって、娯楽番組の割合は著しく制限され、教育番組、しかも科学に関連する番組がメインになっていた。だがそれではお堅い番組ばかりになりかねない。

そこを逆手に取ったのが、当時社員だった評論家の田原総一朗である。田原が企画したのは、SFドラマ。SFなら科学が絡むので、それなら文句ないだろうと考えたのである。しかもそれを開局の日に放送しようとしたところが、なんとも突き抜けている。

タイトルは『こんばんは21世紀』。フランキー堺や加賀まりこなどが出演した。制作手法がまた独特で、300に及ぶヒットドラマの要素をコンピュータにインプットして物語を作らせた。すると「女性主人公が裸になり、さらに裸になり、結婚して、死亡して、事故にあって、離婚して、笑って旅行し、また死亡する」という奇妙奇天烈な話になった。それを前衛小説で知られる作家・安部公房がシナリオにし、ドラマは無事完成した。

それ以来、私たち視聴者は、他局ならやらないようなテレ東のニッチな番組の数々を目にしてきた。かつてはニッチさが単なるチープさと受け取られることも多く、苦労もしただろう。ところがいまでは、そうした類を見ない企画力は、「テレ東らしい」と喝采を送られるようになった。これほど評価が逆転したテレビ局も珍しい。

現在のテレ東にも、そうした企画力重視の伝統を受け継ぎ、さらに未来につなげていこうとするディレクターやプロデューサーが数多くいる。このパートでは、そうした才能が生み出してきた〝テレ東の粋〟と言える番組の数々を見ていきたい。

94

こんな旅番組のやり方もあったのか！

空から日本を見てみよう

2009年10月15日～2011年9月15日 木 後7：58

タイトルそのままに、空撮映像によって、上空からさまざまな街の様子を見ていく。「空を飛んでみたい」という素朴な願望を疑似体験させてくれるとともに、「こんな旅番組のやり方もあったか」と驚かせてくれた。画面上に有名なビルや名所の名前が表示されるところなど、いまで言えばグーグルマップのようでもある。

二つの雲が空から街を見下ろしているという設定。それが「くもじぃ」と「くもみ」で、それぞれ伊武雅刀と柳原可奈子が声を担当した。この2人の年の差コンビの軽妙な掛け合いも、番組の大きな魅力のひとつだった。

紹介される場所は全国津々浦々に上ったが、初期は東京とその近辺ということが比較的多かった。山手線や中央線などを線路沿いにずっとたどってみたり、東京湾をぐるりと一周してみたりといった感じである。鉄道マニアや地図・地理マニアにとってもたまらない映像だっただろう。

面白いのは、よく知っていると思っていた街がまた違って見えるところである。それがたとえ新宿や渋谷のような有名な街であったとしても、上空からだと地上ではわからない意外な街の姿が見えてくる。

いくつか名物コーナーもあったが、たとえば「測れ！トンガリ計測部！」などは記憶に残る。上空から見ると三角形の形状をしたビルがある。すると実際に番組スタッフが巨大分度器を持って現場に行き、トンガリ具合を計測に行く。だからどうということはないのだが、そんな純粋な好奇心こそがテレビの面白さの源でもあるはずだ。

プレイバック

ビルの屋上に立つ一軒家を紹介する「屋上ハウス」や動物の形をした公園の遊具を紹介する「公園アニマルズ」なども印象的だった。

（旅）構成／伊藤正宏、鈴木工務店　出演（声）／伊武雅刀、柳原可奈子　ナレーター／横尾まり（2011～）　ディレクター／末永剛章、高橋弘樹他　プロデューサー／高瀬義和（テレビ東京）、酒井英樹（零 CREATE）　チーフプロデューサー／永井宏明（テレビ東京）　制作／テレビ東京　賞歴／ギャラクシー賞テレビ部門奨励賞（2009）

95

子どもの頃に夢見た願望の実現！

緊急SOS！池の水ぜんぶ抜く大作戦

2017年1月15日〜現在　日　後6：30（2020〜）

テレビ、特にバラエティは、子どもの夢の実現という側面がある。『空から日本を見てみよう』もそうだが、たとえば、『鳥人間コンテスト』なども、「空を飛べたらなあ」という子どもの頃に誰もが一度は夢見たような願望の実現だ。

この『緊急SOS！池の水ぜんぶ抜く大作戦』も、そんな番組のひとつに数えられるだろう。小さい頃に池を眺めていて、時々魚が跳ねたりすると、「このなかにはいったい何がいるんだろう？」と興味を持つことは、珍しくないはずだ。それは、個人の力では普通どうしようもない。だがお金のあるテレビ局ならば、それは可能だ。そしてそれを本当にやってしまうところがまた、テレ東らしい。プロデューサーは、『モヤモヤさまぁ〜ず2』でもおなじみの伊藤隆行。

実際、池の水を抜く作業は、その工程を見ているだけでも面白い。ちゃんとその作業をやってくれる業者がいて、こういうポンプを使うのかとか、そういう手順でやるのかとか、知らなかったようなことばかりだ。

もちろん、番組のハイライトは、水を抜いてからの捕獲作業だ。絶滅危惧種に外来種、さらに珍しい生物など、次々とその姿が現れる。出演者のロンドンブーツ1号2号・田村淳やココリコ・田中直樹をはじめ、ゲストも童心に返ったかのように笑顔がはじける。

一方で、現在の日本における生態系の問題に正面から取り組んでいるのも、普通のバラエティ番組にはあまりない、この番組ならではの特徴だ。社会問題と娯楽性を両立させることは言うほど簡単ではないだろうが、その果敢さもまたテレ東らしいのかもしれない。

プレイバック

伊藤隆行の仕事ぶりは驚異的の一言。2021年9月現在、10本以上の番組のプロデューサーとして、クレジットに名前を連ねている。

（バラエティ）演出／内田拓志　出演／田村淳（ロンドンブーツ1号2号）、田中直樹（ココリコ）、大家志津香（AKB48）他　ナレーター／田子千尋　プロデューサー／伊藤隆行（クリエイティブP）、松澤潤（CP）　制作／テレビ東京　賞歴／ギャラクシー賞テレビ部門奨励賞（2017）

96

世界の危険な場所の食事をレポート

ハイパーハードボイルドグルメリポート

2017年10月4日〜（不定期）水 前0：12（第1回）

なんの予備知識もなく、いきなりこの番組を見たときは驚いた。既成のどのジャンルにも当てはまらない不思議な感触。だがそれゆえに、一瞬たりとも目を離すことができない。

表向きは、タイトルにもあるようにグルメ番組。しかし、よくあるようなそれとは、似ても似つかない。

この番組の企画者であり、ディレクターである上出遼平が、世界の危険な場所や怪しげな場所に自ら足を運び、そこに暮らす人々の食事をリポートする。第1回の放送では、台湾マフィアの組長の宴会場面が映されたかと思えば、アメリカ・ロサンゼルスで対立するメキシコ系ギャングと黒人系ギャングの双方に取材、彼らの普段の食事風景をリポートした。そこには、血なまぐさい抗争からは想像がつかない家族のリアルな生活が見える。

同じ回に登場したリベリアの若い女性も印象に残る。彼女は内戦時に少年兵として戦い、いまはそのときの仲間たちとともに墓地で暮らしている。そして売春を生業にしてお金を得ている。その金額は、日本円にして200円。その後の食事が150円だ。

上出は自らそうした人びとにインタビューをするのだが、彼や彼女の生きかたを良いとか悪いとかいうような雰囲気を一切出すことはない。ただそこにある事実を淡々と伝えるだけだ。しかしそのように突き放して描くことで、私たち視聴者は、その現実をストレートに受け止め、いつの間にか自分なりの考えを自然にめぐらせるようになっている。

初回から各所で大きな反響を呼んだ番組は、プライムタイムでの特番を含め、計7回放送された。現在は、Spotify で音声のみの配信という試みも行われている。

プレイバック

拡大版の際には、『ウルトラハイパーハードボイルドグルメリポート』となる。これだけカタカナばかり並ぶ番組タイトルも珍しい。

（ドキュメンタリー）演出／カミデ（上出遼平）　出演／小籔千豊他　オープニング／BLEACH「視界の幅」　チーフプロデューサー／村上徹夫　プロデューサー／カミデ（上出遼平）　制作／テレビ東京　賞歴／ギャラクシー賞テレビ部門奨励賞（2017）、同優秀賞（2019）

97 芸人たちがリアルな本音を語り合う

あちこちオードリー

2019年10月5日〜現在　水　後11：06（2021〜）

『ゴッドタン』がお笑い芸人を極限状況に追い込むことでそのポテンシャルを最大限に発揮させようとする番組だとすれば、この『あちこちオードリー』は、芸人にとことん寄り添う番組だ。どちらも佐久間宣行のプロデュース・演出というところが面白い。

いまや芸人は世間の注目の的である。特に若い人たちにとっては憧れの的であり、その一挙手一投足が気になる存在だろう。普段なにを考えているのか、ネタ作りの裏側にはどんな苦労があるのか、そして売れなかったときにどう道を切り拓いたのか、など知りたいひとは多いだろう。そんな視聴者の気持ちに応えたのが、この番組である。

居酒屋という設定。その常連客に扮するのがオードリーの若林正恭で、店の大将に扮するのが同じく春日俊彰。そこに毎回、ベテラン芸人やブレーク中の芸人、さらには悩みを抱えていそうな芸人やこれからもっと売れたいと考えている芸人など、さまざまな芸人がやってきてリアルな本音を語る。たとえば、とても器用で苦労なしに見えるロンドンブーツ1号2号の田村淳がMCとして悩んだ過去を吐露したかと思えば、アンジャッシュの児嶋一哉が予期せずいじられキャラになった経緯を事細かに語るといった具合だ。

そんな芸人人生を聞き出す役回りとして、ちょうど中堅芸人の代表格と言えるオードリーは適任だ。自分の芸人としての立ち位置を常に考えている若林正恭と、逆にそんなことは一切考えていない風の春日俊彰とのバランスも絶妙で、雰囲気が堅苦しくなりすぎることがない。いずれにしても、お笑い芸人がリスペクトされる時代が生んだ、いまならではのトークバラエティと言えるだろう。

プレイバック

佐久間宣行は2021年3月でテレ東を退社。テレ東の担当番組の演出は続けつつ、ラジオにYouTubeにと活動の幅を広げている。

（バラエティ）演出／斉藤崇　司会／オードリー（若林正恭、春日俊彰）　ナレーター／内田真礼
プロデューサー／佐久間宣行、碓氷容子、伊藤隆行（CP）　制作／テレビ東京

98

蛭子さんの過去映像からドラマに仕立て上げる
撮影の、一切ないドラマ
蛭子さん殺人事件

2020年12月12日 土 後9：00

かつてのBSは、再放送のドラマに通販番組のオンパレードというイメージだった。しかしいまは、各局とも、BS独自のコンテンツの開発に力を入れるようになった。この番組は、そうしたなかでテレ東ならではの企画力を存分に発揮したもののひとつである。

内容は、蛭子能収が殺され、その真犯人を探すというもの。ただ、タイトルにあるように、このために撮影した映像はない。蛭子さんが過去テレ東で出演した番組の映像をコラージュして、物語に仕立て上げている。ちゃんとしたドラマ枠で放送されたのだが、ドラマとは言いづらい。あえて言うなら、フェイクドキュメンタリーである。企画・演出したのは、『家、ついて行ってイイですか？』などの高橋弘樹。

高橋は、以前にも同じくフェイクドキュメンタリーを作っている。『ジョージ・ポットマンの平成史』（2011年放送開始）という番組で、ジョージ・ポットマンというイギリスの大学教授が、テレビゲームやブログ、ツイッターからラブドールまで、平成の社会風俗についてもっともらしく解説する。もちろんポットマン自体、架空の人物である。

実は、このドラマにもジョージ・ポットマンが登場し、蛭子さん殺害の真犯人を追う探偵の役回りを務めている。その意味ではフェイクに徹しているのだが、そのなかにも現在のテレビ、ひいてはテレ東そのものへの自己批評が感じられ、見応えがある。

一方で、この番組を見ると、蛭子さんはやはり唯一無二の存在だなあ、という思いに改めて駆られる。世の中、多少なりとも忖度なしに上手く生きていくのは難しい。ところが、映像のなかの蛭子さんはそんな気遣いとは無縁に見えて、羨ましくなる。

プレイバック

蛭子さんはテレ東の番組『主治医が見つかる診療所』で認知症が判明。好きなギャンブルはやめたが、漫画の連載はいまも続けている。

ドラマ　出演／蛭子能収、謎の外国人（ジョージ・ポットマン）他　プロデューサー・脚本・演出／高橋弘樹　制作／テレビ東京

コラム

テレ東の名物プロデューサーたち

企画力を武器に、この60年近くを生き抜いてきたテレ東。当然、番組を企画するポジションにあるプロデューサーも多士済々だった。

田原総一朗は、草創期の代表格だ。テレ東社員としての田原は過激なドキュメンタリーを次々と作り、名を馳せた。フリーセックスを信奉する集団を取材した際、そのメンバーからセックスすることを求められ、自ら応じたというエピソードはいまも語り草だ。

また初代運動部部長だった白石剛達も、逸話の多い人物だ。レスリング日本代表の元コーチという経歴を持つ白石は、色物扱いされていた女子プロレスをちゃんとしたスポーツとしてプロデュースし、1960年代後半、女子プロレスブームを巻き起こした。

いずれも、視聴率をあきらめていたわけではない。むしろ、逆だ。番組予算が少ないなか、いかにして話題を集め、視聴率につなげるか？　それには、自らの経験と直感、そして好奇心に従い、決してぶれないこと。それが彼らに共通するポリシーだった。

その精神は、たとえ番組の分野は違えども、この本で登場してもらった伊藤隆行、佐久間宣行、高橋弘樹、上出遼平らにも確実に受け継がれている。

99

元祖局アナになったアイドルの初冠番組

紺野、今から踊るってよ

2015年3月29日〜2017年3月27日　日 後10：48

最近は、元乃木坂46のテレビ朝日・斎藤ちはるなど、バリバリの元人気アイドルが局アナになるパターンも増えた。その元祖的存在と言えるのが、紺野あさ美だろう。「こんこん」の呼び名で親しまれたモーニング娘。の5期メンバーだった紺野は、モー娘。を卒業後慶應義塾大学環境情報学部に進学。その後2011年4月にアナウンサーとしてテレ東に入社した。その彼女にとって初の冠番組となったのが、この『紺野、今から踊るってよ』である。タイトルは、なんとなく『桐島、部活やめるってよ』を連想させる。

番組内容は、5分程度という短さもあってきわめてシンプル。毎回、紺野がひとりの女性のもとを訪れ、一緒にただダンスを踊るというもの。ただ選曲は面白く、沖縄に行ったときには、ビーチでSPEEDの「STEADY」を踊ったりもした。また第2シーズンの最終回では、モー娘。の同期である高橋愛、新垣里沙との共演も実現した。

局アナのタレント化はますます進んでいるが、局アナの常識にとらわれずタレントとしてのスキルを前面に出した企画という点で、時代を先取りしていたことは間違いない。

（ダンス）企画／内田弥佳　構成／山形遼介　演出／岡本健吾　出演／紺野あさ美（テレビ東京アナウンサー）　ナレーター／早見沙織　プロデューサー／岩下裕一郎他　制作／テレビ東京

100 吉木りさに怒られたい

美しい人にキレられたい妄想を叶える

2014年8月2日〜8月30日 土 前1:53(シーズン1)

タレントの吉木りさの顔がアップで画面に映り、5分ほどのあいだ、「どこ見てんだよコラッ!このむっつりクソオヤジ!」などと、彼女がこちらに向かって眉間にしわを寄せ怒り続ける。ただそれだけの番組だが、予想以上の反響を呼び、人気番組となった。

元々、「美しい人に怒られたい」という前身番組があった。企画したのは、『家、ついて行ってイイですか?』などを手掛けた高橋弘樹。自分がAD(アシスタントディレクター)時代にいつも怒られていた経験をもとに、せっかくならきれいな人に怒られたいと思ったのがきっかけだったらしい。その発展形がこの番組である。

吉木りさは当時、グラビアアイドルとして活躍していた。その彼女がキレるのが新鮮だった。とはいえ、番組の最後は必ず笑顔を見せ、「デレる」オチが用意されていた。また、セーラー服姿やナース姿などコスプレ要素もあり、演出的にも怒られる側のセリフが画面にテロップに出され、それに対して吉木りさが怒るというように、恋愛シミュレーションゲームのようなところもあった。その点、男の妄想を番組にしたといったところである。

(バラエティ) 脚本/高橋弘樹他　構成/鈴木遼他　演出・プロデューサー/高橋弘樹(テレビ東京)他　出演/吉木りさ　チーフプロデューサー/斎藤勇(テレビ東京)　制作/テレビ東京

テレ東の特別な日

元日&大晦日の番組年表二〇〇一〜二〇二〇

巻末付録

二〇〇一年

国内では小泉政権発足、構造改革がスタート
アメリカでの同時多発テロが世界に衝撃！

1月1日（月）

6	30	2001プロ野球 オールスタークイズ日本一!! ★
9	30	これぞ日本の祝いの味「列島縦断！冬の五大魚を食らう」
11	00	美の巨人たちスペシャル
深夜	0.05	FIS・W杯ジャンプ
	1.35	映画「スター・トレック」

オフシーズンのプロ野球選手は、かつては正月番組の花形だった。ただスポーツ系ではなくクイズというのがニッチでテレ東らしい。この番組には、松井秀喜や高橋由伸が出演していた。

12月31日（月）

時	分	番組
5	00	恒例生放送！第34回年忘れ・にっぽんの歌
9	30	年末特別ロードショー「海の上のピアニスト」
11	30	生中継！ジルベスターコンサート★
深夜	0.50	J-CDスペシャル
	1.50	映画「オースティン・パワーズ・デラックス」

「ジルベスター」とは、ドイツ語で大晦日の意味。このクラシックコンサートの中継での年越しが、テレ東の恒例である。『題名のない音楽会』も、当初は東京12チャンネルの放送だった。

◎テレビとメディアの出来事

Usenが世界初の個人向けブロードバンドサービス

Yahoo!オークション有料化

NTTドコモ、FOMA開始

◎TOPICS

4月 小泉内閣の誕生

1月 アメリカ大統領にブッシュ氏就任

9月 アメリカ同時多発テロ

二〇〇二年

デフレ不況で株式がバブル後最安値を記録
日韓共催サッカーW杯で日本ベスト16に

1月1日(火)

時	分	番組
6		
7	00	映画「男はつらいよ 寅次郎夢枕」★
9	00	プロ野球オールスタークイズ&ゲーム日本一
11	55	FIS ワールドカップジャンプ
深夜	1.25	初夢ジャン×2！史上初！現役プロスポーツ選手が麻雀対決

この時代、寅さんは正月の定番だった。この作品はシリーズ10作目でマドンナは八千草薫。2020年4月からも1年間、BSテレ東では『男はつらいよ』4K修復版の全作放送をしていた。

12月31日（火）

5	00	恒例生放送！第35回年忘れ・にっぽんの歌
9	30	生放送！めざせ3億円夢の山分けスペシャル ★
11	30	生中継！ジルベスターコンサート
深夜	0.50	POPS SELECTION スペシャル年越し特集
	1.50	映画「不滅の恋 ベートーヴェン」

★芸能人など100人が1万枚以上の宝くじをグループ買いし、3億円当選を目指す。似たような企画はいまもあるが、この番組はスケール感と大晦日の生放送のワクワク感で勝負したもの。

◎テレビとメディアの出来事

次世代光ディスク「Blu-ray」の統一規格策定

110度CSデジタル放送開始

au「着うた」サービス開始

◎TOPICS

1月　EUで単一通貨ユーロの使用開始

4月　学校週5日制が導入

5月　サッカー日韓Wカップ開催　日本はベスト16に

二〇〇三年

自衛隊のイラク派遣が決定される
世界各地で爆弾テロが多発する

1月1日（水）

6		
7	00	今夜決定!! 絶景の名湯 “露天風呂大賞2003”
8		
9	00	愛の貧乏脱出大作戦★
10		
11	30	人妻大浴場2003
深夜	0.25	給料明細　女性の㊙高額バイト
	1.25	映画「リトル・ブッダ」

★みのもんたがMCで、全然流行らないラーメン屋などを番組が救うドキュメントバラエティとして人気だった。時々みのが、「抜き打ちチェック」と称して、店をサプライズ訪問していた。

12月31日(水)

5	00	恒例生放送！第36回年忘れ・にっぽんの歌
9	30	奇跡を呼ぶ“超空間魔術の祭典”
11	30	生中継ジルベスターコンサート
深夜	0.50	生放送！お笑い大格闘 芸人50人ガチで新年会★
	3.00	映画「GO」

★大晦日に「イノキボンバイエ」(日テレ)、「K-1」(TBS)、「PRIDE」(フジ)が勢揃いする格闘技全盛期。そのなかでテレ東では、芸人新年会の長時間生放送がこの後恒例になっていく。

◎テレビとメディアの出来事

アップルがsafari公開
米で「iTunes Music Store」スタート
地上デジタル放送開始

◎TOPICS

3月　イラク戦争勃発
4月　六本木ヒルズがグランドオープン
5月　個人情報保護法成立

二〇〇四年

新潟県中越地方で震度7の地震
アテネ五輪で日本メダル過去最多の37個獲得！

1月1日（木）

時	分	番組
6	00	田舎に泊まろう！正月3時間SP
8	54	古代エジプト神秘“ツタンカーメン”の呪い
11	30	クエス⑤「新感覚クイズバトル誕生」
深夜	0.25	給料明細㊙高収入！バイトSP★
	1.40	映画「ラヴソング」

★テリー伊藤の企画によるドキュメントバラエティ。スポーツ新聞の求人広告などにある高収入だが怪しげなバイトにリポーターが潜入調査をするなど、世間の裏側が見られて面白かった。

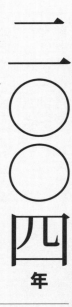

12月31日（金）

5	00	年越し！ 12時間生放送 年忘れにっぽんの歌
9	30	元祖！でぶや 大みそかSP★
11	30	生中継 ジルベスター 年越しコンサート
深夜	0.50	こっちも生だよ 芸人集合！ 今年最も売れる 吉本No.1大決定戦
	5.00	映画 「初春狸御殿」

★サブタイトルが「食の格闘 Kui-1 グランプリ」。石塚英彦やパパイヤ鈴木が高山善廣、天山広吉、川田利明など格闘家軍団と大食い対決。もちろん裏ではTBSで「K-1」が放送されていた。

◎テレビとメディアの出来事

mixi サービス開始
Winny の開発者逮捕
スカイパーフェクトTV！2が誕生

◎TOPICS

4月　イラク日本人人質事件。その後解放
10月　新潟県中越地震
11月　ブッシュ大統領再選

二〇〇五年

衆院選で自民圧勝、郵政民営化法成立
愛知万博が開催される

1月1日(土)

2		新春ワイド時代劇「国盗り物語」★
深夜	0.00	給与明細㊙プレー高収入バイトHカップ潜入SP！
	1.15	Deep Love・スペシャル　生激白！
	2.25	映画「スナイパー狙撃」

伝統の新春ワイド時代劇は開局40周年番組で、10時間の放送だった。斎藤道三が北大路欣也で、織田信長が伊藤英明。平均視聴率は10.2%。この前年、テレ東は念願の東証1部に上場。

12月31日（土）

5	00	恒例！第38回年忘れにっぽんの歌
9	30	敵か！味方か⁉現ナマ乱舞ダマしあいクイズ★
11	30	生中継ジルベスターベートーベンの第九で歓喜のカウントダウン
深夜	0.50	4時間生！2006年最も売れる芸人№1伝説

★心理ゲームの要素を取り入れたクイズ。目を引くのは、司会が今田耕司と東野幸治であること。この後の深夜長時間の芸人番組の司会も務め、テレ東に「Wコージ」時代が到来していた。

◎テレビとメディアの出来事

イー・モバイル社設立

Gyaoサービス開始

◎TOPICS

3～9月　愛知万博開催

4月　JR福知山線脱線事故

11月　ドイツ、メルケル氏を初の女性首相に選出

二〇〇六年

ライブドア堀江貴文社長が逮捕

第1次安倍内閣発足、菅義偉氏初入閣

1月1日(日)

6	00	田舎に泊まろう2006 ★
8	30	たけしのエジプトミステリー④
11	30	円択の騎士「珍名の謎クイズに挑戦」
深夜	0.45	給与明細 キャバクラブームで&お笑いでもうけた人
	2.00	アウトプット 必見お宝蔵だし映像満載!
	3.00	映画「最後の恋、初めての恋」

★この時期、何年かこの番組の特番が元日の恒例になっていた。番組の人気ももちろんあったが、正月ということで、故郷へのノスタルジーを誘う番組コンセプトも理由としてあっただろう。

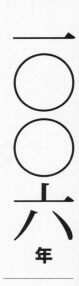

12月31日(日)

5 00	恒例生放送！ 第39回年忘れ！ にっぽんの歌
9 30	ガイアの夜明け 大晦日の ２時間特別版 ★
11 30	生中継 ジルベスター 2006－2007
深夜 0.50	新春！ ９時間生放送 2007年最も売れる 芸人決定SP

★ドキュメンタリーが『紅白』の裏番組というのも大胆な編成である。内容は、ちょうど定年の時期を迎えた団塊世代の今後がテーマ。日本社会が重要な節目を迎えたことが背景にあった。

◎テレビとメディアの出来事

地デジワンセグ放送開始
ソフトバンクモバイル誕生
ニコニコ動画サービス開始

◎TOPICS

1月　ライブドア・ショック。堀江貴文社長逮捕
9月　第1次安倍政権発足
12月　イラクでフセイン元大統領処刑

二〇〇七年

年金記録5000万件の未統合が発覚
米サブプライム問題で世界的金融危機に

1月1日(月)

時	分	番組
6	00	田舎に泊まろうSP
8	54	開運なんでも鑑定団「芸能界のお宝目利き王決定SP！」
11	00	ドラマ“ぼくだけの！アイドル”
深夜	0.30	アフロ正月 拡大SP対決 キラーズ超英人 ★
	2.10	ドラマ“嬢王” 3夜連続・一挙に放送スペシャル！
	4.30	映画「レリック」

★『きらきらアフロ』は、いまも続くトークバラエティ。笑福亭鶴瓶によって魅力を引き出されたオセロの松嶋尚美がピンとして人気者になるきっかけになった。当初は、テレビ大阪の制作。

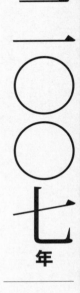

12月31日（月）

時	分	番組
5	00	恒例生放送！第40回年忘れ！にっぽんの歌
9	30	年忘れKYORAKUスペシャル 大みそかハッスル祭り2007 ★
11	30	東急ジルベスターコンサート
深夜	0.50	今年も9時間生放送 “吉本100人大集合”

★大晦日の格闘技番組にテレ東が参戦。と言っても、そこはテレ東。ケロロ軍曹や大食いでおなじみのジャイアント白田がリングに上るなど、ひと味違うエンタメ性が付け加わっていた。

◎テレビとメディアの出来事

米でAndroid発表
初音ミク誕生
電子マネー元年

◎TOPICS

7月　新潟県中越沖地震
8月　サブプライム・ショックで世界同時株安
10月　郵政民営化スタート

二〇〇八年

益川敏英教授ら日本人4人ノーベル賞同時受賞
アメリカ大統領選でオバマ氏当選

1月1日（火）

6		
7	00	開運なんでも鑑定団
8		
9	00	古代文明ミステリー 第2弾 ビートたけしの“新・世界七不思議”
10		
11	30	関ジャニ8初夢SP
深夜	1.00	OH！マイキー お正月SP ★
	2.00	映画「イン・ザ・カット」
	3.55	ミニミニ さまぁ～ず⑨

★8歳のマイキーを主人公とするファミリードラマ。しかし、登場人物はみなマネキン人形で、自分ではまったく動かない。ユーモアと不気味さが同居したような不思議な魅力で人気に。

12月31日（水）

時	分	番組
4	00	“さよなら新宿コマ”年忘れにっぽんの歌 ★
9	30	大晦日ハッスル・マニア2008
11	30	生中継ジルベスター年越しコンサート
深夜	0.50	今年も生だよ！吉本芸人大集合7時間SP

★ この年は、例年より1時間早い開始。実は中継先の新宿コマ劇場が、この大晦日をもって閉館することに。北島三郎など演歌歌手にとっての“聖地”で、昭和を代表する劇場でもあった。

◎テレビとメディアの出来事

Twitter、Facebook日本語版サービス開始

NTTドコモのPHSサービス終了

◎TOPICS

6月　秋葉原無差別殺傷事件

7月　北海道洞爺湖サミット開催

9月　リーマンショック、世界的金融危機に

二〇〇九年

衆院選で民主党が単独過半数で政権交代へ
新型インフルでＷＨＯがパンデミック宣言

1月1日(木)

6	30	世界大工王決定戦！★
7		
8		
9	00	古代文明 ミステリー第３弾 ビートたけしの “新・世界七不思議”
10		
11	30	モヤモヤ さまぁ〜ず＆ アリケン＆ 怒りオヤジ 忘年会SP
深夜	1.00	極嬢㊙女のH話
	2.00	映画 「美しき野獣」
	4.00	大グレン祭・ 第四夜

タイトルを見るだけで、テレ東の番組とわかる。しかも大晦日のゴールデンタイムで『紅白』にぶつけるところに、テレ東魂を感じる。元は『TV チャンピオン』の「全国大工王選手権」から。

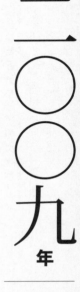

12月31日（木）

時	分	番組
5	00	恒例生放送！第42回年忘れにっぽんの歌
9	30	ルビコン大晦日版★
11	30	生中継ジルベスター
深夜	0.50	今年は6時間生放送芸人100人歌いすぎ！笑いすぎ！やりすぎ！

『ルビコンの決断』は、テレ東得意の経済ドキュメンタリー。そのなかで、再現ドラマを織り交ぜるところが『ガイアの夜明け』などとは異なる特色になっていた。メインは木村佳乃。

◎テレビとメディアの出来事

Windows7 発売
青少年ネット規制法施行
ネット広告費が新聞広告費を超える

◎TOPICS

1月　アメリカ大統領にオバマ氏就任
5月　裁判員制度が開始
9月　民主党政権（鳩山内閣）誕生

二〇一〇年

小惑星探査機「はやぶさ」が7年ぶりの帰還
北朝鮮の金正恩氏が後継者デビュー

1月1日(金)

時	分	番組
6	00	所さんの学校では教えてくれないそこんトコロ!スペシャル
8	54	古代文明ミステリー たけしの新・世界七不思議4
11	30	シロウト名鑑 ★
深夜	0.25	バラエティ7スペシャル
深夜	2.10	アニソンぷらすライブ初挑戦SP
深夜	3.40	新春ロードショー「ボルベール」

★バラエティ番組初レギュラーとなる宮藤官九郎と細川徹がメインの素人発掘番組。芸能事務所のオーディションに落ちた女の子を集めたアイドルグループ結成企画など、やはりユルかった。

12月31日（金）

5	00	恒例生放送！第43回年忘れにっぽんの歌
9	30	カンブリア宮殿「大忘年会スペシャルもう貧乏はイヤだ！」★
11	30	生中継ジルベスター
深夜	0.50	新春！今年も生だよ芸人100人が大集合

「もう貧乏はイヤだ！」というサブタイトルが強烈。2008年のリーマンショックの世界経済への影響は深刻だった。そのなかで浮上の手がかりを必死に探っていた様子が伝わってくる。

◎テレビとメディアの出来事

iPad日本発売

IPサイマルラジオ、radiko配信開始

米インスタグラムがサービス開始

◎TOPICS

1月　日本航空が会社更生法の適用申請

5月　沖縄普天間基地を辺野古へ移転する日米共同声明

9月　尖閣諸島中国漁船衝突事件

二〇一一年

東日本大震災、原発事故で甚大な被害
なでしこジャパン、サッカー女子W杯で優勝

1月1日(土)

時	分	番組
6	00	歌手VS歌うま芸能人“カラオケバトル6” ★
7		
8	54	出没アド街ック天国新春特別版!
9		
10		
11	30	結局!確率な〜のだ%
深夜	1.00	おぎやはぎそこそこスターゴルフ新春SP
	2.35	映画「西の魔女が死んだ」

現在も堺正章の司会で放送されている『THE カラオケ★バトル』。その前身となったのが、カラオケ採点番組の元祖的存在のこの番組。本家とのど自慢芸能人の対決形式になっていた。

12月31日（土）

5	00	生放送！第44回年忘れにっぽんの歌
9	30	プロボクシング史上最高ダブル世界戦大晦日完全中継SP ★
11	30	生中継ジルベスターコンサート
深夜	0.50	新春！今年も生だよ!!やりすぎ笑いっぱなし伝説

★テレ東の歴代高視聴率番組に名を連ねるのがボクシング中継。その意味では原点回帰とも言える。この年以降、ボクシングのタイトルマッチ中継が、テレ東大晦日の定番になっていく。

◎テレビとメディアの出来事

ＮＨＫ教育がＥテレに改称
ＬＩＮＥサービス開始
ニンテンドー３ＤＳ発売

◎ＴＯＰＩＣＳ

３月　東日本大震災。東京電力福島第一原発事故
５月　ウサマ・ビンラディン殺害
７月　なでしこジャパン・サッカー女子Ｗ杯優勝

二〇一二年

衆院選で自公が圧勝し政権奪還
中国トップに習近平氏が就任

1月1日(日)

6	00 歌手VS 歌うま芸能人! “カラオケバトル8”
9	54 ソロモン流新春SP
11	30 つるの倍恩返し
深夜	1.00 ウレロ未確認少女SP ★
	2.00 映画「オーストラリア」

★日本ではまだ珍しい「シットコム」形式のコメディ。観客を入れて収録されていた。弱小芸能事務所が舞台で、劇団ひとり、バカリズム、東京03、早見あかりという豪華メンバーだった。

12月31日（月）

5	00	大晦日恒例… 第45回年忘れ!! にっぽんの歌
9	30	ボクシング 史上最大！究極の ３大世界戦!! ★
11	30	ジルベスター
深夜	0.50	“今年も生だよ！ 笑いっぱなし伝説”

★ボクシングのタイトルマッチ中継が２試合から３試合にボリュームアップ。TBSでもボクシング世界戦の中継があり、フジでは『料理の鉄人世界ワールド』と、この年は“世界戦”流行りだった。

◎テレビとメディアの出来事

東北３県でも地上アナログ放送終了
４Ｇ ＬＴＥサービス開始
日本版 Kindle ストアオープン

◎ＴＯＰＩＣＳ

３月 ロシア、プーチン氏が大統領当選（２回目）
５月 東京スカイツリーが開業
12月 第２次安倍政権発足

二〇一三年

安倍政権のアベノミクス始動
日本、TPP交渉に参加

1月1日(火)

6	00	歌手VS歌うま芸能人 “カラオケバトル11”
7		
8		
9	54	仲間由紀恵の蒼い地球
10		
11	30	映画公開ドラマSP! 鈴木先生の結婚 ★
深夜	1.50	ボクシング新春SP!
	3.00	孤独のグルメ

この年の1月に映画版が公開された『鈴木先生』。ドラマ版では1学期、映画版では2学期の話。その間の夏休みに、鈴木先生が結婚相手の実家に挨拶に行くというブリッジ的な内容。

12月31日（火）

5	00	恒例生放送！第46回年忘れにっぽんの歌
9	30	ボクシング 史上空前！夢のKO王者W世界戦
11	30	生中継 ジルベスター★
深夜	0.50	4時間生だよ！芸人集合 生放送ではアリエナイ“ざっくり新年会！”

★テレ東の「ゆく年くる年」的な役割を担うこの番組。この年、カウントダウン曲を初めて一般投票で決めた。選ばれたのは、ワーグナー「ニュルンベルクのマイスタージンガー」前奏曲。

◎テレビとメディアの出来事

東京スカイツリーが地デジ送信開始
「バルス」がTwitterツイート数世界記録
NTTドコモがiPhoneの取り扱い開始

◎TOPICS

3月　習近平氏、国家主席に就任
9月　2020年夏季オリンピック開催地が東京に決定
12月　特定秘密保護法成立

二〇一四年

STAP細胞論文に捏造や改ざんが発覚
イスラム国が勢力を拡大、有志連合空爆

1月1日(水)

4	00	元祖！大食い王決定戦
6	00	歌手VS 歌うま芸能人！“カラオケバトル12”
9	54	祝・新春 モテキこい 映画「モテキ」★
深夜	1.25	映画「エターナル・サンシャイン」
	3.20	ラストサマー3
	4.55	「皇帝ペンギン」

★ノーカット完全版で、地上波初放送。前年末の12月28日から30日まで、3夜連続でドラマ版全12話の再放送もあった。近年、同じような感じの人気ドラマの年末一挙放送も増えた。

12月31日（水）

時	分	番組
5	00	年忘れ！にっぽんの歌
9	30	ボクシング３大世界戦
11	30	生中継ジルベスター
深夜	0.50	明けまして“ざっくりハイタッチ”です！４時間生スペシャル★

『ざっくりハイタッチ』は、千原ジュニア、小籔千豊、フットボールアワーによるバラエティ。芸人に光を当てる企画が多く、鬼越トマホークの喧嘩ネタが発掘されたのもこの番組だった。

◎テレビとメディアの出来事

インスタグラム日本運用スタート
日本テレビがHuluの営業継承
ドワンゴとKADOKAWA経営統合

◎TOPICS

6月　IS（自称「イスラム国」）建国宣言
7月　安倍首相、集団的自衛権を限定的容認
9月　御嶽山噴火

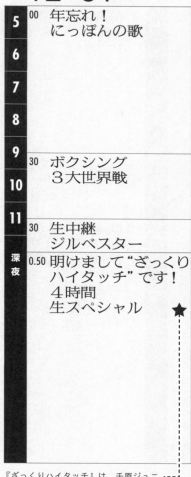

二〇一五年

外国人観光客が激増し爆買いも
新国立競技場とエンブレムが白紙に

1月1日(木)

6	00	開局50周年特別企画 大食い世界一 決定戦！ ★
7		
8		
9		
10		
11	00	天才アスリート 世界への階段
深夜	0.35	映画 「ROAD TO NINJA NARUTO THE MOVIE」
	2.35	フライペーパー！ 史上最低の 銀行強盗
	4.00	ベイビー・トー

「開局 50 周年特別企画」として、5 時間に及ぶ長時間の放送。「豪州巨漢クロコダイル軍団／日本絶体絶命!!」などテレビ欄の煽りコピーがどれもみな躍動していて、思わず見たくなる。

12月31日(木)

3:00	年忘れ！にっぽんの歌
5:55	誰が一番ビビるのか？大晦日は仰天パニックシアター108連発だ ★
9:30	ボクシング２大世界戦
11:30	生中継ジルベスター
深夜0.50	新春SP！噂の現場にザ・チョクメンタリー

★前４年不変だった大晦日のラインナップに変化が。この番組は、最近もよくある衝撃映像もの。ただしビビり具合を計測し、一番ビビった出演者が罰ゲームを受けるという趣向があった。

◎テレビとメディアの出来事

Netflix、Amazonプライムビデオが日本上陸
音楽定額配信サービスが続々誕生
スカパー！ケーブルテレビで４Ｋ実用開始

◎ＴＯＰＩＣＳ

1月　ＩＳによる日本人人質殺害事件
11月　パリ同時多発テロ事件
12月　慰安婦問題で日韓合意

二〇一六年

熊本地震で死者150人を超える
米大統領選でトランプ氏圧勝

1月1日(金)

5	55	大食い世界一決定戦！
11	15	孤独のグルメ元旦SP
深夜	0.20	共感百景～わかる…！あるあるネタ×詩
	1.55	ツモ！大学生麻雀駅伝 ★
	3.55	超巨大ハリケーン カテゴリー5

「雀力と偏差値は比例するのか!?」がキャッチコピー。箱根駅伝よろしくタスキをかけながら卓を囲む。撮影場所も箱根という無駄な（？）作り込み具合。ちなみに優勝は早稲田大学。

12月31日（土）

時	分	番組
4	00	第49回！大晦日恒例年忘れにっぽんの歌
7	00	30秒後に見られるTV大みそか＆正月が100倍楽しくなるウラ技VS2016年、最後だから…★
9	30	ボクシング２大世界戦
11	30	生中継ジルベスター
深夜	0.50	噂のヤバイ現場へGO

★衝撃映像などを紹介する番組だが、30秒のカウントダウン後に必ずその映像が見られるというのがウリ。要するに余計に引っ張らない。YouTubeが人気になった時代背景も感じさせる。

◎テレビとメディアの出来事

AbemaTV 開局
Spotify 日本語版上陸
BS 4K・8K試験放送開始

◎TOPICS

1月 日本銀行がマイナス金利政策導入を決定
6月 イギリス、国民投票でEUから離脱へ
4月 熊本地震

二〇一七年

森友・加計・日報問題が政権を揺るがす
電通に有罪、働き方改革へ機運高まる

1月1日(日)

8	54	新春 カラオケバトル
11	55	心に響く金言SP！ アスリート栄光の 言葉
深夜	1.30	「BORUTO-NARUTO THE MOVIE」
	3.20	ER緊急救命室３ ★
	4.15	メリーに首ったけ

★アメリカの有名な人気医療ドラマだが、テレ東では2016年から放送が始まっていた。テレ東の海外ドラマと言えば、『CSI：科学捜査班』シリーズを思い出すひとも多いかもしれない。

12月31日（日）

4〜9	00	第50回！ 大晦日恒例年忘れ にっぽんの歌
10	00	孤独のグルメ せとうち 食べ始めSP ★
11	30	生中継 ジルベスター
深夜	0.50	落ちまして おめでとう ございます2018

この年から、いまや恒例となった『孤独のグルメ』の大晦日スペシャルがスタート。生放送を挟むスタイルも話題を呼んだ。この回は、瀬戸内出張編として五郎が香川、愛媛、広島へ。

◎テレビとメディアの出来事

TikTok 日本サービス開始
Youtuber が大人気
ギガ放題など新料金プラン

◎TOPICS

1月　アメリカ大統領にトランプ氏就任
2月　森友学園問題
10月　カズオ・イシグロ氏がノーベル文学賞受賞

二〇一八年

オウム松本元死刑囚らの刑執行
日産・ゴーン会長が逮捕される

1月1日(月)

時	分	番組
5	55	YOUは何しに日本へ？ 日本全国26空港…ほぼ完全ガチンコ封鎖だぜ1294組YOU直撃で…★
10	15	ゴッドタン新春SP“芸人マジ歌選手権”
11	45	アスリートの言葉
深夜	1.20	映画「天使のくれた時間」
	4.10	映画「マスク2」

★実はこの前番組には『池の水ぜんぶ抜く大作戦』の特番があった。この後の『ゴッドタン』のマジ歌特番と併せ、現在のテレ東のエース級バラエティが揃い踏みした感があった年だった。

12月31日（月）

4	00	第51回！ 大晦日恒例年忘れ にっぽんの歌 ★
5		
6		
7		
8		
9		
10	00	孤独のグルメ 大晦日！
11	30	生中継 ジルベスター
深夜	0.45	もっと褒められ 大賞2019 ホメの助ホメ太郎

ずっと生放送だったが、2015年から事前収録になっていた。大晦日の生放送ならではの雰囲気も魅力だったことを考えると、どこか切ない。こんなところにも昭和の終わりを感じる。

◎テレビとメディアの出来事

BS 4K・8K実用放送開始
スマホペイが本格化
eスポーツに注目が集まる

◎TOPICS

2月　平昌冬季オリンピック・パラリンピック開催
10月　豊洲市場が開場
11月　日産・ゴーン会長を逮捕

二〇一九年

天皇陛下が即位。「令和」に改元
京都アニメーション放火、36人死亡

1月1日(火)

5 55	YOUは何しに日本へ?
9 00	お正月初の生放送!家、ついて行ってイイですか?…台東区からどこ行く全然未定SP ★
深夜 0.30	ひたすら“1万回”【愚直に何でも1万回やってみました】
1.45	映画「ハート・オブ・ウーマン」

初の生放送というのが肝。台東区の浅草寺で、収録場所となる自宅を貸してくれる一般人を探した。結局、青山さんという方のご自宅に上がらせていただくことができ、一件落着となった。

12月31日（火）

4	00	第52回！大晦日恒例年忘れにっぽんの歌
10	00	孤独のグルメ2019大晦日・弾丸出張SP
11	30	生中継ジルベスター
深夜	0.45	新春！千鳥ちゃんはしご酒お笑いバトル★
	2.20	お笑い！推して参る！

笑ったという意味では、近年一番の面白さ。千鳥を筆頭に、麒麟・川島、アンガールズ・田中、ピース・又吉らがはしご酒でへべれけになりながら、大喜利に挑む。カオス度合いが凄かった。

◎テレビとメディアの出来事

韓国・米で5Gサービス開始
日本テレビが6年連続で年間視聴率三冠
1959年開局したテレビ局の大多数が開局60周年

◎TOPICS

5月　天皇陛下が即位。「令和」に改元
7月　京都アニメーション放火
10月　消費税10％スタート

二〇二〇年

新型コロナ感染拡大、緊急事態宣言
東京オリンピック・パラリンピックが1年延期

1月1日(水)

時	分	番組
5	55	緊急SOS！ 4時間 “池の水ぜんぶ抜く”
10	00	きのう何食べた？ 正月スペシャル2020 ★
11	30	忘却のサチコ 復習スペシャル
深夜	0.45	和牛 キッチンカー旅
深夜	1.45	Aではない君と
深夜	3.50	超ハード ボイルド飯

2019年屈指の傑作ドラマと言っても過言ではない『きのう何食べた？』のスペシャル。この後も、再放送だが『忘却のサチコ』の放送が組まれ、テレ東ドラマの充実ぶりが表れている。

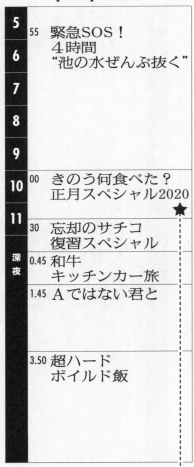

12月31日(木)

4	00	第53回！大晦日恒例年忘れ にっぽんの歌
5		
6		
7		
8		
9		
10	00	孤独のグルメ 大晦日に生で 打ち上げ花火SP
11	30	生中継ジルベスター
深夜	0.50	笑うラストフレーズ オードリー×芸人14組
	2.20	フット霜降り ネタ祭り
	4.00	新春ロードショー「アナコンダ」★

令和のご時世に「新春ロードショー」という昭和感あふれるタイトルがテレ東らしさの極みで、味わい深いものがある。その意味でも、『午後のロードショー』には、ずっと続いてもらいたい。

◎テレビとメディアの出来事

コロナの影響でリモートワークが主流に
ECサイトが拡大
テレビ各局が出資する「TVer」設立

◎TOPICS

3月 東京オリンピックが1年延期決定
4月 コロナ禍が拡大、緊急事態宣言
9月 安倍首相退陣、後任に菅政権発足

おわりに

テレ東の開局が1964年、前の東京オリンピック開催の年だったことは本文中でも何度かふれた。そして今年2021年、二度目の東京オリンピックが開催。コロナ禍で賛否両論が渦巻くなかでの開催だったが、テレビでは各局で連日競技の模様が中継された。

そんななか、話題になったある出来事があった。

7月25日のこと。この日、テレ東は長時間にわたるオリンピック中継をおこなっていた。男子テニスでは日本期待の錦織圭が登場。ところが突然画面が切り替わり、スタジオの竹崎アナが「錦織圭選手の試合の途中ですが、放送時間の関係で最後までお送りすることができません」とお詫びの言葉を述べ、中継が打ち切られた。そしてその後すぐ放送されたのが、アニメ『パズドラ』だった。

ネットでは、これに対し困惑する声もあったが、「さすがテレ東　錦織よりパズドラ」との声が多く上がっていた。厳密には違うところもあるが、「テレ東だけアニメ」が再現されたわけである。やはり、どんな時代でもすべてが「右に倣え」ではつまらない。テレビ局もひとつぐらい、我が道を行くところがあってもいいだろう。

私自身、そんなテレ東のマイペースぶりに得も言われぬ安らぎと魅力を感じるようになって、もう何十年経っただろうか。その気持ちが高じて『攻めてるテレ東、愛されるテレ東』（東京大学出版会）という一冊を書かせてもらったこともあった。そちらはテレ東の歴史をたどりつつ、その魅力の理由を多角的に分析したやや硬めの内容だった。それに対し今回は、テレビ史の文脈を踏まえながらも、より気楽に読んでいただけるものを目指した。その意図が伝わるような内容になっているならば、著者として大変うれしく思う。

今回の企画は、星海社の持丸剛さんにお話をいただいたところから始まった。番組ガイド的な構成のものを書くのは私にとって初めてのことで慣れない不安もあったが、持丸さんには終始色々と助けていただいた。この場を借りて感謝申し上げます。

2021年9月　太田省一

参考文献　※事実関係やエピソードなどについて、記述の際に参照させていただいたもの。五十音順。

〈書　籍〉
石光勝『テレビ番外地 東京12チャンネルの奇跡』新潮新書　２００８年
伊藤隆行『伊藤Ｐのモヤモヤ仕事術』集英社新書　２０１１年
伊藤成人『テレ東流 ハンデを武器にする極意―〈番外地〉の逆襲』岩波書店　２０１７年
大久保直和『テレ東のつくり方』日経プレミアシリーズ　２０１８年
金子明雄『東京12チャンネルの挑戦―３００チャンネル時代への視点―』三一書房　１９９８年
佐久間宣行『できないことはやりません～テレ東的開き直り仕事術』講談社　２０１４年
髙橋弘樹『ＴＶディレクターの演出術――物事の魅力を引き出す方法』ちくま新書　２０１３年
中川順『秘史 日本経済を動かした実力者たち』講談社　１９９５年
野口雅史『「兆し」をとらえる 報道プロデューサーの先読み力』角川新書　２０１６年
濱谷晃一『テレ東的、一点突破の発想術』ワニブックスＰＬＵＳ新書　２０１５年
福田裕昭＋テレビ東京選挙特番チーム『池上無双 テレビ東京報道の「下剋上」』角川新書　２０１６年
布施鋼治『東京12チャンネル運動部の情熱』集英社　２０１２年

〈社　史〉
『テレビ東京20年史』株式会社テレビ東京　１９８４年
『テレビ東京25年史』株式会社テレビ東京　１９８９年
『テレビ東京30年史』株式会社テレビ東京　１９９４年
『テレビ東京史 20世紀の歩み』株式会社テレビ東京　２０００年
『テレビ東京50年史』株式会社テレビ東京　２０１４年

21世紀《せいき》テレ東番組《とうばんぐみ》ベスト100

二〇二一年一〇月二五日 第一刷発行

著者 太田省一《おおたしょういち》

発行者 太田克史《おおたかつし》

編集担当 持丸剛《もちまるつよし》

発行所 株式会社星海社
〒一一二-〇〇一三
東京都文京区音羽一-一七-一四 音羽YKビル四階
電話 〇三-六九〇二-一七三〇
FAX 〇三-六九〇二-一七三一
https://www.seikaisha.co.jp/

発売元 株式会社講談社
〒一一二-八〇〇一
東京都文京区音羽二-一二-二一
(販売)〇三-五三九五-五八一七
(業務)〇三-五三九五-三六一五

印刷所 凸版印刷株式会社

製本所 株式会社国宝社

アートディレクター 吉岡秀典《よしおかひでのり》(セプテンバーカウボーイ)

デザイナー 山田知子《やまだともこ》(チコルズ)

フォントディレクター 紺野慎一《こんのしんいち》

校閲 鷗来堂《おうらいどう》

ISBN978-4-06-525802-6
Printed in Japan

201
SEIKAISHA SHINSHO

次世代による次世代のための

武器としての教養
星海社新書

星海社新書は、困難な時代にあっても前向きに自分の人生を切り開いていこうとする次世代の人間に向けて、ここに創刊いたします。本の力を思いきり信じて、みなさんと一緒に新しい時代の新しい価値観を創っていきたい。若い力で、世界を変えていきたいのです。

本には、その力があります。読者であるあなたが、そこから何かを読み取り、それを自らの血肉にすることができれば、一冊の本の存在によって、あなたの人生は一瞬にして変わってしまうでしょう。思考が変われば行動が変わり、行動が変われば生き方が変わります。著者をはじめ、本作りに関わる多くの人の想いがそのまま形となった、文化的遺伝子としての本には、大げさではなく、それだけの力が宿っていると思うのです。

沈下していく地盤の上で、他のみんなと一緒に身動きが取れないまま、大きな穴へと落ちていくのか？　それとも、重力に逆らって立ち上がり、前を向いて最前線で戦っていくことを選ぶのか？

星海社新書の目的は、戦うことを選んだ次世代の仲間たちに「武器としての教養」をくばることです。知的好奇心を満たすだけでなく、自らの力で未来を切り開いていくための〝武器〟としても使える知のかたちを、シリーズとしてまとめていきたいと思います。

2011年9月

星海社新書初代編集長　柿内芳文

SEIKAISHA SHINSHO